AF854258

Plan de Estudios PPA

Aviation Bookstore
aviation step by step

Editado y publicado Aviation Bookstore ®

El contenido de este libro se desarrolla con fines educativos y de formación profesional. Texto original de autoría humana.

Introducción

Tu carrera aeronáutica comienza con el curso inicial de piloto privado de avión. Este es el punto de partida para tu vida como piloto profesional o deportivo. Esta etapa inicial es uno de los pilares de todo piloto en formación. Se necesitan cimientos sólidos de aprendizaje para lograr una operación aérea segura y eficiente.

Un inadecuado programa de instrucción en esta etapa inicial podría marcar tu carrera para siempre, e incluso llevarte al fracaso por falta de contenidos.

Luego de más de dos décadas enseñando como instructor de vuelo y piloto de línea aérea, he desarrollado un programa de instrucción aérea para pilotos que recién comienzan en este maravilloso mundo de la aviación. Un programa diseñado para cubrir todas las necesidades de un vuelo ante diferentes condiciones, basado en la premisa de que "el conocimiento es poder" ("Knowledge is power"). Un piloto con sólidos conocimientos teóricos y prácticos puede enfrentar los desafíos de un vuelo de forma consciente y segura, sin dejar nada librado al azar.

En este programa de instrucción aérea te guiaré en cada lección teórica y de vuelo que sugiere el programa. Un diseño educativo que combina contenidos teóricos de las principales asignaturas y el desarrollo de maniobras simples y complejas, dependiendo de cada lección.

Recuerda! Este plan de estudios es una guía que te ayudará a transitar tus primeros pasos aeronáuticos, pero siempre respetando las indicaciones de tu instructor de vuelo, ya que será él quien te conozca y te trate en persona. Cada ser humano posee un proceso de aprendizaje con un tiempo de asimilación de contenidos propio.

Considera a este programa de instrucción como una guía fiel, eficiente y con exitosos resultados en centenares de alumnos con los que he tenido el privilegio de trabajar y educar. La mayoría de ellos, hoy excelentes pilotos profesionales en líneas aéreas internacionales.

Capt. Facundo Conforti

Índice

Aviation Bookstore
aviation step by step

Información Personal

Este plan de estudios pertenece al piloto:

_ _

Contacto:

Tel: _ _ _ _ _ _ _ _ _ _ _ _ _ _ _ _ _Mail: _ _ _ _ _ _ _ _ _ _ _ _ _ _ _ _ _ _ _

Contacto de emergencia. Tel: _

Academia de vuelo:

_ _

Instructor a cargo:

_ _

Fecha de inicio del curso: _ _/_ _/_ _ _ _

Fecha del primer vuelo solo: _ _/_ _/_ _ _ _

Fecha de finalización del curso: _ _/_ _/_ _ _ _

Fecha de examen final: _ _/_ _/_ _ _ _

Vencimiento certificación médica: _ _/_ _/_ _ _ _

Este manual pertenece a un piloto en instrucción. De encontrarlo, por favor devolver al propietario lo antes posible.

Aviation Bookstore
aviation step by step

Desarrollo del programa

Todo programa de estudios que conduzca al éxito requiere de un trabajo en equipo entre los alumnos, los educadores y las herramientas de estudio (libros, aviones, etc). Cualquier falla en alguna de estas figuras podría afectar a los resultados finales del programa. Considerando esto, tú como alumno piloto debes asumir el compromiso y la responsabilidad de cumplir con tu parte del trabajo, una parte indispensable para garantizar el éxito del programa y de tu carrera.

Estos primeros pasos aeronáuticos te requerirán mucho esfuerzo, tiempo, constancia, dedicación y perseverancia, ya que las cosas no siempre saldrán como esperas, pero déjame asegurarte que si te dedicas a seguir paso a paso este programa, tu camino hacia el éxito de tu carrera empezará "con el pie derecho".

En primera instancia es muy importante comprender que realizar una lección de vuelo, sin el contenido teórico suficiente, sería desperdiciar una lección de vuelo, ya que no tendrías las herramientas para comprender lo que está sucediendo, o lo que el instructor está tratando de enseñarte.

Por otra parte, una sobrecarga de contenidos teóricos sin la experiencia de vuelo adquirida, también resultaría en una falla del sistema, ya que tendrías una gran cantidad de conocimientos teóricos pero sin la posibilidad de haberlos llevado a la práctica real.

¡Recuerda! Los conocimientos teóricos deben ir a la par de las experiencias de vuelo, a fin de poder aplicar lo aprendido en ambas instancias.

En esta obra encontrarás un detalle del desarrollo "ideal" de cada lección, donde se describen los contenidos sugeridos para cada instancia del curso inicial hasta su finalización. Sin embargo, será el instructor quien siempre tenga la palabra final, en función a tu propio ritmo de aprendizaje.

La frecuencia de los vuelos depende de cada alumno, de cada instructor y de cada academia en particular. Una frecuencia de vuelo diaria parecería ser lo ideal, pero no siempre resulta así. El proceso de aprendizaje en el cerebro humano requiere de ciertos tiempos para la asimilación de contenidos, y en cada persona es diferente. Es importante respetar los tiempos propios de cada individuo, incluso el tuyo, ya que una sobre exigencia en el aprendizaje no te hará aprender mejor, solo te llevará a terminar el curso lo antes posible, pero quizás con contenidos poco asimilados o aprendidos de manera incorrecta.

Siempre es recomendable dejar, al menos, un día sin volar cada dos o tres vuelos. Esto permitirá un descanso al músculo mas importante de tu cuerpo, tu cerebro. Está científicamente comprobado que una mente descansada asimila mucho mejor el proceso de aprendizaje que una mente fatigada, donde este proceso se vuelve complejo y aburrido. Por otra parte, deberías tener una frecuencia de vuelo de, al menos, dos veces por semana, ya que la continuidad del aprendizaje es indispensable en esta etapa.

Etapas del programa

Este programa de estudios se divide en cuatro etapas, considerando un curso estándar de 40 lecciones de vuelo como mínimo. Cada una de estas etapas esta formada por lecciones de vuelo, lecciones teóricas y una evaluación intermedia de desempeño al final. De obtener un resultado satisfactorio, el piloto podrá continuar a la etapa siguiente con el mismo formato. De no obtener un resultado satisfactorio mínimo, el instructor debería evaluar las falencias del piloto, y en función a ellas, volver al proceso de enseñanza tantas veces como sea necesario hasta lograr el objetivo.

Primera etapa

En estas primeras 10 lecciones de vuelo, el piloto comienza a sentir las emociones causadas por el vuelo en una aeronave de pequeño porte. Es el primer contacto con las principales materias teóricas, y quizás resulte algo confuso en las primeras lecciones.

Es muy importante un adecuado conocimiento de lo que sucederá en cada lección de vuelo, a fin de evitar cualquier susto o distracción por parte del piloto, ya que todo resultará nuevo.

Toda lección de vuelo comenzará con un "briefing" o reunión pre-vuelo donde el instructor deberá establecer todas las pautas para la operación aérea, incluyendo las maniobras que realizarán, y cualquier otra información que considere relevante.

Luego de finalizar el vuelo, llega la reunión post-vuelo o "debriefing", donde el instructor analizará las maniobras realizadas, corregirá los errores, y establecerá los objetivos académicos para la lección siguiente.

Esta metodología de enseñanza asegura que el piloto posea los contenidos teóricos previo a subirse al avión, sin dejar nada librado al azar, y posterior al vuelo podrá realizar una autocrítica constructiva de como fue la operación, analizando los aciertos y los errores. Un conjunto de datos e información de suma relevancia para el proceso de aprendizaje.

Una vez completada las lecciones de la primera etapa, llegará la evaluación de desempeño, donde el piloto debe demostrar las capacidades de vuelo adquiridas y los conocimientos teóricos mas relevantes para esta primera instancia. Es importante entender que no se trata de una evaluación calificativa ni reglamentaria de la autoridad aeronáutica, sino que simplemente se trata de hacer una pausa, analizar el proceso de aprendizaje hasta ese momento, observar las fortalezas y debilidades del piloto, y en función a todo esto, tomas las acciones necesarias para continuar un correcto camino de aprendizaje.

Segunda etapa

En estas segundas 10 lecciones de vuelo, el piloto comienza a identificar las dificultades de cada maniobra y posee las herramientas para enfrentarlas de manera segura, aunque con algunas deficiencias operacionales. Los contenidos teóricos continuarán acompañando a cada lección de vuelo para fortalecer las maniobras operativas, tanto en tierra como en vuelo. A partir de esta instancia, la intervención del instructor sobre las maniobras de vuelo será cada vez menor, permitiendo al alumno equivocarse e identificar las consecuencias de sus errores, siempre dentro de un marco de seguridad.

El primer vuelo solo

En esta instancia, el instructor comienza a evaluar la posibilidad de otorgarle al piloto su primer vuelo solo. Un momento muy importante en la vida de todo piloto en formación. Un momento épico, donde el piloto sentirá un sinfín de emociones juntas, miedos, alegría, incertidumbre, inseguridad, pasión, pánico, entre otras emociones más. Pero ten por seguro que si llega el día y el instructor te otorga el vuelo solo, es por que se ha asegurado de que posees las herramientas necesarias para desarrollar un vuelo completamente seguro, aunque tú como piloto aún no lo sientas así. La evaluación de desempeño en esta segunda instancia se vuelve mas completa, ya que el piloto se encuentra a mitad de camino. El instructor hará énfasis en la evaluación sobre la toma de decisión del piloto y su criterio de seguridad aún en formación.

Tercera etapa

En las 10 lecciones siguientes, el piloto comenzará con los vuelos de navegación, junto a los contenidos teóricos relevantes a esta materia. Desde aquí, se considera que el piloto puede operar la aeronave de forma segura, dando el siguiente paso, salir a volar lejos del aeródromo habitual. Las navegaciones suelen ser con el instructor y sin él al finalizar esta etapa.

A partir de aquí, el instructor comenzará con las enseñanzas de las maniobras anormales de vuelo (emergencias). Maniobras simples y complejas, pero dentro de un ámbito donde el tiempo de respuesta y la eficiencia operativa serán los protagonistas. La evaluación de desempeño de esta tercer etapa está enfocada en la resolución de conflictos de índole mecánicos, meteorológicos y humanos en el transcurso del vuelo.

Cuarta etapa

En las 10 lecciones finales, se considera que el piloto ya domina todas las maniobras de vuelo, con mínimas fallas pero sin afectar a la seguridad de las operaciones. En esta instancia se debe hacer especial énfasis en la toma de decisión dentro de la cabina de mando, fomentando el desarrollo del criterio de seguridad del piloto. La evaluación final de desempeño se vuelve la mas compleja de las cuatro. En esta última evaluación es importante simular un examen final ante la autoridad aeronáutica, con todo el rigor y exigencias que podría presentar un vuelo como este. Al finalizar, tanto el piloto como el instructor, podrán evaluar las fortalezas y debilidades del alumno, y en función a ello, tomar las acciones necesarias para lograr llegar al examen final de la mejor forma posible.

Desarrollo de cada lección

Considerando un plan de estudios de 40 lecciones de vuelo, adicionando lecciones académicas o teóricas, se ha desarrollado una planilla de actividad para cada lección. En esta, el instructor podrá asentar el progreso de cada lección, y el piloto tendrá la posibilidad de recordad sus aciertos y sus errores de cada lección en cualquier momento del curso.

Contar con esta información resulta de suma utilidad para ambas partes. Por un lado, el instructor podrá dejar por escrito todas las maniobras que se están realizando en cada etapa de formación, detallando el progreso del alumno y considerando las mejoras a cada una de las observaciones realizada en cada lección

Por otra parte, el piloto tendrá la posibilidad de analizar sus vuelos mas detenidamente en la comodidad de su hogar, recordando lo que ha logrado en cada lección o actividad de vuelo realizada.

El seguimiento del desarrollo del curso es indispensable para lograr un proceso de aprendizaje óptimo, aprendiendo de los errores cometidos, analizando las fortalezas y debilidades de cada lección, y registrando cada una de las actividades realizadas en el curso.

A continuación se analiza la planilla de actividad en cada sección. Recuerda que es muy importante su realización. Podrás hacerlo tú mismo con la ayuda de tu instructor, o bien cederle la tarea a él, quien será el encargado de registrar tus lecciones.

Lección Nº______ Fecha________ Briefing ☐ Avión________

ETD:__________ ETA_________ Duración del vuelo_________

Instructor_______________________ Debriefing ☐

	25%	50%	75%	100%		25%	50%	75%	100%
....	☐	☐	☐	☐	....	☐	☐	☐	☐
....	☐	☐	☐	☐	....	☐	☐	☐	☐
....	☐	☐	☐	☐	....	☐	☐	☐	☐
....	☐	☐	☐	☐	....	☐	☐	☐	☐
....	☐	☐	☐	☐	....	☐	☐	☐	☐
....	☐	☐	☐	☐	....	☐	☐	☐	☐
....	☐	☐	☐	☐	....	☐	☐	☐	☐
....	☐	☐	☐	☐	....	☐	☐	☐	☐

Observaciones:

En la sección superior, de izquierda a derecha, comienza con el número de la lección de vuelo, seguido de la fecha de la lección. Luego sigue una casilla para marcar con un tilde o una X cuando el briefing haya sido realizado o no. En la casilla "Avión" se anotará la matricula o identificación de la aeronave que se utilice en esta lección. Recuerda que es habitual encontrar varias aeronaves similares en las academias de vuelo.

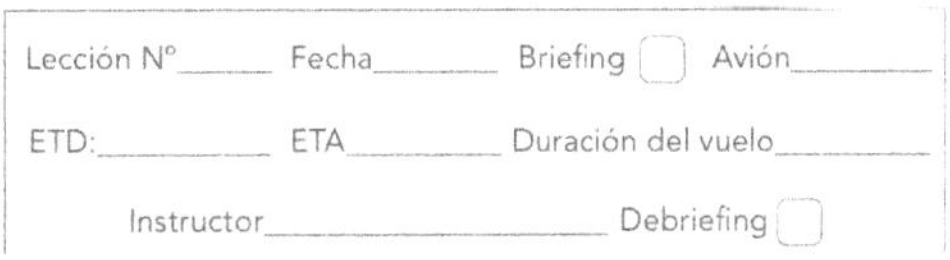
Lección N°_____ Fecha_______ Briefing ☐ Avión________

ETD:________ ETA________ Duración del vuelo________

Instructor________________ Debriefing ☐

En el segundo renglón, la información de los tiempos del vuelo. Comienza con la hora estimada de inicio (Estimated Time of Departure), esta será la hora a la que se pone en marcha el motor de la aeronave. Seguido a esta, la hora arribo Estimated Time of Arrival). Se considera la hora de finalización justo al momento de apagar el motor de la aeronave. Finalmente, el tiempo de vuelo. El lapso de tiempo transcurrido entre los dos valores anteriores.

En el tercer renglón, el nombre del instructor a cargo de esta lección. Recuerda que es habitual que vueles con diferentes instructores en academias donde exista un staff grande de profesionales. Por esta razón es importante que siempre tengas tus planillas correctamente completadas y actualizadas. Finalmente, la casilla de "debriefing", marcando con un tilde o una x, según corresponda.

En la sección central encontrarás 16 renglones vacíos para completar con el nombre de cada maniobra realizada. Junto a cada renglón, las casillas de porcentajes (25%, 50%, 75%, 100%). Este porcentaje indicará, según el criterio del instructor, tu nivel de eficiencia en la maniobra realizada, donde un 25% indicaría un desempeño deficiente, un 50% un desempeño regular, un 75% un desempeño aceptable y un 100% un desempeño correcto de la maniobra.

Como puedes observar solo se colocan 16 renglones, debido a que no se recomienda la realización de mas de 10 maniobras por cada lección, a fin de mantener el interés en el vuelo y evitar la fatiga del alumno con una excesiva carga de trabajo. De todos modos, será siempre el instructor quien determine la cantidad de las maniobras a realizar en cada lección.

Finalmente, un espacio para las observaciones del instructor. Aquí, el instructor podrá tomar nota de toda la información que considere relevante para esta lección, o para las lecciones futuras. Información como aciertos y errores, ítems a mejorar, tareas u objetivos a cumplir en las próximas lecciones, exigencias de lecturas determinadas y cualquier otra información que considere oportuna.

Capítulo 1

Primera etapa

Todas las maniobras y temas propuestos por este programa en cada lección responden a un diseño de instrucción aérea determinado y ofrecen una guía a modo de "sugerencia". Será el instructor a cargo quien finalmente decida los temas a tratar en cada lección.

Aviation Bookstore
aviation step by step

Introducción

Esta primera etapa cuenta con 9 lecciones de vuelo y una décima lección de evaluación de desempeño. Considerando que son los primeros pasos aeronáuticos del piloto, es recomendable dar inicio con algunas lecciones teóricas antes del primer vuelo, o bien, el piloto por su cuenta debería estudiar brevemente sobre los siguientes temas:

- Detalles de la pista.
- Información sobre las superficies de control.
- Información sobre instrumentos básicos del avión.
- Información sobre el despegue y el aterrizaje.
- Información sobre el circuito de tránsito.
- Información sobre le chequeo pre-vuelo y el rodaje.

Con una base sólida de conocimientos, previo al primer vuelo, el piloto comenzará sus lecciones sabiendo lo que está sucediendo en sus primeros movimientos, conociendo algunos detalles del ámbito aeronáutico y sintiéndose un poco mas seguro al enfrentarse a un desafío en un ambiente desconocido.

¡Recuerda! Es importante que tu experiencia de vuelo se desarrolle acorde a tus conocimientos teóricos, ya que mucha experiencia de vuelo con pocos contenidos teóricos resultaría en el desarrollo de maniobras de vuelo sin terminar de comprender correctamente su funcionamiento.

Lección 1

En esta primera lección, el instructor mostrará todas las operaciones básicas en tierra y en vuelo, con énfasis en los procedimientos de seguridad en cada caso.

Objetivos teóricos

Los objetivos teóricos de esta lección, sea por lecciones teóricas del instructor o staff de la academia, o bien, por estudios realizados por cuenta propia, incluyen los siguientes temas:

- Superficies de control y comandos asociados.
- Chequeo pre-vuelo y operación de listas de chequeo.
- Operación dentro del circuito de tránsito.
- Reconocimiento geográfico de la zona de vuelo.
- Operación de rodaje pre-vuelo y post-vuelo.

Objetivos operativos

Los objetivos operativos de esta lección incluyen los siguientes temas:

- Chequeo pre-vuelo y operación de listas de chequeo.
- Operación dentro del circuito de tránsito.
- Reconocimiento de referencias visuales de la zona de vuelo.
- Control direccional de la aeronave en tierra y en vuelo.

- Identificación de los instrumentos de vuelo.
- Ascensos y descensos suaves.
- Realización de virajes.
- Vuelo recto y nivelado.
- Giros alrededor de un punto.
- Reconocimientos de las sensaciones del vuelo en el cuerpo humano, considerando la posibilidad de mareos como una situación normal en los primeros vuelos.

¡Recuerda! Cada instructor podrá optar por las maniobras que desee en cada lección.

Briefing

El briefing previo al vuelo debe incluir las maniobras a realizar con una explicación detallada en cada caso, con el fin de que el piloto las comprenda antes de subir al avión.

Debriefing

El debriefing debe incluir un repaso de las maniobras realizadas, mencionando los objetivos académicos y prácticos de la lección siguiente. Antes de finalizar, es importante responder a todas las preguntas que el piloto pueda tener, relativas al vuelo o ajenas a este. Tú, como piloto en formación debes retirarte de la academia sin ninguna clase de dudas sobre lo aprendido en la lección.

.ección N°_____ Fecha_______ Briefing ☐ Avión_______

:TD:__________ ETA_________ Duración del vuelo________

Instructor______________________ Debriefing ☐

....	25% ☐	50% ☐	75% ☐	100% ☐	....	25% ☐	50% ☐	75% ☐	100' ☐
....	25% ☐	50% ☐	75% ☐	100% ☐	....	25% ☐	50% ☐	75% ☐	100' ☐
....	25% ☐	50% ☐	75% ☐	100% ☐	....	25% ☐	50% ☐	75% ☐	100' ☐
....	25% ☐	50% ☐	75% ☐	100% ☐	....	25% ☐	50% ☐	75% ☐	100' ☐
....	25% ☐	50% ☐	75% ☐	100% ☐	....	25% ☐	50% ☐	75% ☐	100' ☐
....	25% ☐	50% ☐	75% ☐	100% ☐	....	25% ☐	50% ☐	75% ☐	100' ☐
....	25% ☐	50% ☐	75% ☐	100% ☐	....	25% ☐	50% ☐	75% ☐	100' ☐
....	25% ☐	50% ☐	75% ☐	100% ☐	....	25% ☐	50% ☐	75% ☐	100' ☐

Observaciones:

Lección 2

Objetivos teóricos

Los objetivos teóricos de esta lección, sea por lecciones teóricas del instructor o staff de la academia, o bien, por estudios realizados por cuenta propia, incluyen los siguientes temas:

- Repaso de maniobras anteriores.
- Ejes de control y temas relacionados.
- Introducción al altímetro y al velocímetro.
- Funcionamiento básico del motor y la puesta en marcha.
- Salida e incorporación del circuito de tránsito.
- Conceptos teóricos del despegue y del aterrizaje.

Objetivos operativos

Los objetivos operativos de esta lección incluyen los siguientes temas:

- Chequeo pre-vuelo y operación de listas de chequeo.
- Puesta en marcha del motor.
- Alineación en pista y despegue asistido por el instructor.
- Repaso de maniobras anteriores.
- Vuelo lento.
- Maniobras de "S" sobre caminos.

- Maniobras de coordinación.
- Ubicación geográfica del aeródromo y vuelo hacia este.
- Incorporación al circuito de tránsito y desarrollo de cada tramo del circuito.
- Aproximación y aterrizaje asistido por el instructor.

¡Recuerda! Es muy importante comprender que el proceso de aprendizaje lleva tiempo, y en cada ser humano es diferente. No te desanimes si las maniobras no salen como esperas, es solo cuestión de tiempo.

Briefing

El briefing previo al vuelo debe incluir las maniobras a realizar con una explicación detallada en cada caso, con el fin de que el piloto las comprenda antes de subir al avión.

Debriefing

El debriefing debe incluir un repaso de las maniobras realizadas, mencionando los objetivos académicos y prácticos de la lección siguiente. Antes de finalizar, es importante responder a todas las preguntas que el piloto pueda tener, relativas al vuelo o ajenas a este. Tú, como piloto en formación debes retirarte de la academia sin ninguna clase de dudas sobre lo aprendido en la lección.

Lección N°_____ Fecha_______ Briefing ☐ Avión________

ETD:__________ ETA_________ Duración del vuelo_________

Instructor____________________ Debriefing ☐

	25%	50%	75%	100%		25%	50%	75%	100%
....	☐	☐	☐	☐	....	☐	☐	☐	☐
....	☐	☐	☐	☐	....	☐	☐	☐	☐
....	☐	☐	☐	☐	....	☐	☐	☐	☐
....	☐	☐	☐	☐	....	☐	☐	☐	☐
....	☐	☐	☐	☐	....	☐	☐	☐	☐
....	☐	☐	☐	☐	....	☐	☐	☐	☐
....	☐	☐	☐	☐	....	☐	☐	☐	☐
....	☐	☐	☐	☐	....	☐	☐	☐	☐

Observaciones:

Lección 3

Objetivos teóricos

Los objetivos teóricos de esta lección, sea por lecciones teóricas del instructor o staff de la academia, o bien, por estudios realizados por cuenta propia, incluyen los siguientes temas:

- Repaso de maniobras y temas anteriores.
- Aeródromos y aeropuertos.
- Función de la torre de control.
- Introducción a las comunicaciones aeronáuticas.
- Efectos del viento en las maniobras (en tierra y en vuelo).
- Configuración altimétrica (alturas y altitudes).
- Gestión del combustible y autonomía del avión.
- Concepto teórico del uso de flaps.
- Gestión y uso de las listas de chequeo para todo el vuelo.

Objetivos operativos

Los objetivos operativos de esta lección incluyen los siguientes temas:

- Operación de listas de chequeo en cada fase del vuelo.
- Puesta en marcha del motor y verificación de los parámetros del motor durante el proceso de encendido.
- Alineación en pista y despegue asistido por el instructor.

- Repaso de maniobras anteriores.
- Maniobras de "8" alrededor de dos referencias.
- Corrección de deriva.
- Ubicación geográfica del aeródromo y vuelo hacia este.
- Incorporación al circuito de tránsito y desarrollo de cada tramo del circuito.
- Aproximación y aterrizaje asistido por el instructor.

¡Recuerda! Es muy importante dar pequeños pasos de forma continua, incorporando nuevos conocimientos en cada lección, por pequeños que parezcan, siempre suman al progreso de tus habilidades de vuelo.

Briefing

El briefing previo al vuelo debe incluir las maniobras a realizar con una explicación detallada en cada caso, agregando en esta instancia, un repaso de las maniobras en lecciones anteriores.

Debriefing

El debriefing debe incluir un repaso de las maniobras realizadas, mencionando los objetivos académicos y prácticos de la lección siguiente. Luego de esta tercera lección, el piloto ya podrá reconocer sus errores y aceptar las críticas constructivas que indique el instructor, quien debe hacer énfasis en los aciertos, en los errores y en las acciones correctivas de estos.

Lección Nº_____ Fecha_______ Briefing ☐ Avión________

ETD:__________ ETA_________ Duración del vuelo_________

Instructor____________________ Debriefing ☐

	25%	50%	75%	100%		25%	50%	75%	100%
....	☐	☐	☐	☐	....	☐	☐	☐	☐
....	☐	☐	☐	☐	....	☐	☐	☐	☐
....	☐	☐	☐	☐	....	☐	☐	☐	☐
....	☐	☐	☐	☐	....	☐	☐	☐	☐
....	☐	☐	☐	☐	....	☐	☐	☐	☐
....	☐	☐	☐	☐	....	☐	☐	☐	☐
....	☐	☐	☐	☐	....	☐	☐	☐	☐
....	☐	☐	☐	☐	....	☐	☐	☐	☐

Observaciones:

Lección 4

Objetivos teóricos

Los objetivos teóricos de esta lección, sea por lecciones teóricas del instructor o staff de la academia, o bien, por estudios realizados por cuenta propia, incluyen los siguientes temas:

- Repaso de maniobras y temas anteriores.
- Principios aerodinámicos básicos.
- Fuerzas aerodinámicas.
- Pérdida de sustentación.
- Comprensión y análisis del manual de la aeronave.
- Aeródromos y pistas cercanos como alternativa.

Objetivos operativos

Los objetivos operativos de esta lección incluyen los siguientes temas:

- Operación de listas de chequeo en cada fase del vuelo.
- Puesta en marcha del motor sin asistencia del instructor.
- Rodajes sin asistencia del instructor.
- Alineación en pista y despegue sin asistencia del instructor.
- Ascenso a régimen constante y operación del variómetro.
- Adoptar una altitud de crucero y mantenerla fija.

- Repaso de maniobras anteriores.
- Aproximación a la pérdida de sustentación.
- Recuperación de la pérdida de sustentación.
- Circuito de tránsito y aproximación de 90° sin asistencia del instructor, con un tramo final extendido mas de lo habitual.
- Aterrizaje con asistencia del instructor.
- Rodaje final y detención del motor sin asistencia del instructor.

¡Recuerda! Estarás realizando maniobras sin la asistencia del instructor. Es de esperarse que estas no salgan con prolijidad, e incluso que se realicen de forma incorrecta, pero no te alarmes, es parte del proceso de aprendizaje. Lo importante en esta instancia es que comiences a tomar decisiones operativas respecto del desarrollo de cada maniobra.

Briefing

Este briefing debe estar basado en los riesgos de la pérdida de sustentación. Siempre que existan maniobras que lleven al límite a la aeronave, es importante hacer especial énfasis en estos temas.

Debriefing

El debriefing debe incluir un repaso de las maniobras realizadas, mencionando los aciertos y errores, junto a las correcciones necesarias para solucionarlos.

Lección N°_____ Fecha_______ Briefing ☐ Avión________

ETD:__________ ETA_________ Duración del vuelo_________

Instructor____________________ Debriefing ☐

	25%	50%	75%	100%		25%	50%	75%	100%
....	☐	☐	☐	☐	....	☐	☐	☐	☐
....	☐	☐	☐	☐	....	☐	☐	☐	☐
....	☐	☐	☐	☐	....	☐	☐	☐	☐
....	☐	☐	☐	☐	....	☐	☐	☐	☐
....	☐	☐	☐	☐	....	☐	☐	☐	☐
....	☐	☐	☐	☐	....	☐	☐	☐	☐
....	☐	☐	☐	☐	....	☐	☐	☐	☐
....	☐	☐	☐	☐	....	☐	☐	☐	☐

Observaciones:

Lección 5

Objetivos teóricos

Los objetivos teóricos de esta lección, sea por lecciones teóricas del instructor o staff de la academia, o bien, por estudios realizados por cuenta propia, incluyen los siguientes temas:

- Repaso de maniobras y temas anteriores.
- Aproximaciones de 90°, 180° y 360°.
- Estructuras de comunicación entre piloto y controlador.
- Identificación de la dirección e intensidad del viento.
- Fundamentos teóricos para la selección de pista.
- Efectos del viento y corrección de deriva.
- Conceptos teóricos de una aproximación frustrada.

Objetivos operativos

Los objetivos operativos de esta lección incluyen los siguientes temas:

- Verificación exterior de la aeronave y autonomía de vuelo (en horas de vuelo).
- Puesta en marcha y rodaje sin asistencia del instructor.
- Despegue y ascenso sin asistencia del instructor.
- Vuelo recto y nivelado sin asistencia del instructor.
- Aproximación a la pérdida de sustentación.

- Recuperación de la pérdida de sustentación.
- Revisión de dudas sobre maniobras de lecciones anteriores.
- Circuito de tránsito y aproximación sin asistencia del instructor, considerando realizar una aproximación frustrada si no se cumplen los parámetros mínimos de seguridad.
- Aterrizajes (varios intentos a modo de práctica) con intervención mínima del instructor.

¡Importante! Hasta aquí has llegado a la mitad de la primera etapa. Si bien aún falta mucho camino por recorrer, ya has realizado, al menos una vez, gran parte de las maniobras básicas. En adelante se repetirán hasta que logres realizarlas a la perfección.

Briefing

Este briefing debe estar basado en las maniobras realizadas durante todas las lecciones anteriores, no solo la que está por iniciar. Volver a detallar el concepto teórico de las maniobras realizadas suele ayudar a eliminar errores de conceptos.

Debriefing

El debriefing debe incluir un repaso de las maniobras realizadas, mencionando los aciertos y errores, junto a las correcciones necesarias para solucionarlos. Se agregará especial énfasis en las decisiones que el piloto haya tomado, analizando las consecuencias operativas en cada caso.

Lección Nº_____ Fecha_______ Briefing ☐ Avión________

ETD:__________ ETA_________ Duración del vuelo_________

Instructor______________________ Debriefing ☐

	25%	50%	75%	100%		25%	50%	75%	100%
....	☐	☐	☐	☐	....	☐	☐	☐	☐
	25%	50%	75%	100%		25%	50%	75%	100%
....	☐	☐	☐	☐	....	☐	☐	☐	☐
	25%	50%	75%	100%		25%	50%	75%	100%
....	☐	☐	☐	☐	....	☐	☐	☐	☐
	25%	50%	75%	100%		25%	50%	75%	100%
....	☐	☐	☐	☐	....	☐	☐	☐	☐
	25%	50%	75%	100%		25%	50%	75%	100%
....	☐	☐	☐	☐	....	☐	☐	☐	☐
	25%	50%	75%	100%		25%	50%	75%	100%
....	☐	☐	☐	☐	....	☐	☐	☐	☐
	25%	50%	75%	100%		25%	50%	75%	100%
....	☐	☐	☐	☐	....	☐	☐	☐	☐
	25%	50%	75%	100%		25%	50%	75%	100%
....	☐	☐	☐	☐	....	☐	☐	☐	☐

Observaciones:

Lección 6

Objetivos teóricos

Los objetivos teóricos de esta lección, sea por lecciones teóricas del instructor o staff de la academia, o bien, por estudios realizados por cuenta propia, incluyen los siguientes temas:

- Repaso de maniobras y temas anteriores.
- Aerodinámica durante el descenso.
- Efectos del viento durante el aterrizaje.
- Principios de funcionamiento del motor, con énfasis en el funcionamiento del carburador y el sistema de calefacción a este.
- Conceptos de aproximación frustrada y desvío hacia el aeródromo de alternativa.
- Conceptos básicos de navegación visual.

Objetivos operativos

Los objetivos operativos de esta lección incluyen los siguientes temas:

- Rodaje, despegue y ascenso sin asistencia del instructor.
- Repaso general de maniobras con énfasis en las que se presenten mayores dificultades.
- Viraje suave, normal y escarpado, en ascensos y descensos.
- Maniobras de deslizamiento.

- Aproximación de 180°.
- Prácticas de aterrizajes con una mínima intervención del instructor.
- Aterrizajes sin flaps, con flaps parcial y con flaps full.

¡Importante! A partir de esta instancia, la intervención del instructor puede comenzar a reducirse, considerando las falencias propias de cada alumno piloto, y prestando especial atención a los límites operativos.

Briefing

Este briefing debe estar basado en las maniobras donde existan las mayores falencias del piloto. Un repaso teórico de cada una de estas podría ayudar a su mejor desarrollo. Al operar en diferentes configuraciones de flaps, es importante recordar su principio aerodinámico de funcionamiento.

Debriefing

El debriefing incluirá una mención de las acciones correctivas del piloto ante situaciones complejas. Se debe incluir un detalle de los aciertos y errores, junto a los objetivos a mejorar para los próximos vuelos.

Lección N°_____ Fecha_______ Briefing ☐ Avión________

ETD:__________ ETA_________ Duración del vuelo_________

Instructor____________________ Debriefing ☐

	25%	50%	75%	100%		25%	50%	75%	100%
....	☐	☐	☐	☐	....	☐	☐	☐	☐
....	☐	☐	☐	☐	....	☐	☐	☐	☐
....	☐	☐	☐	☐	....	☐	☐	☐	☐
....	☐	☐	☐	☐	....	☐	☐	☐	☐
....	☐	☐	☐	☐	....	☐	☐	☐	☐
....	☐	☐	☐	☐	....	☐	☐	☐	☐
....	☐	☐	☐	☐	....	☐	☐	☐	☐
....	☐	☐	☐	☐	....	☐	☐	☐	☐

Observaciones:

Lección 7

Objetivos teóricos

Los objetivos teóricos de esta lección, sea por lecciones teóricas del instructor o staff de la academia, o bien, por estudios realizados por cuenta propia, incluyen los siguientes temas:

- Repaso de maniobras y temas anteriores.
- Efectos del engelamiento en el carburador.
- Conceptos meteorológicos básicos.
- Proceso de "Toma de decisión".
- Responsabilidades en la cabina.
- Cálculos básicos para una navegación visual.
- Aproximación de 360º.
- Aproximación frustrada.

Objetivos operativos

Los objetivos operativos de esta lección incluyen los siguientes temas:

- Rodaje, despegue y ascenso sin asistencia del instructor.
- Vuelo recto y nivelado a altitud y velocidad constante.
- Navegación de corto alcance (no mas de 30 min de vuelo).
- Repaso de maniobras donde aún existan errores.

- Aproximación de 360° con asistencia del instructor.
- Prácticas de aterrizaje sin asistencia del instructor.

¡Importante! Si todo marcha bien, tú como piloto ya estarás comenzando a aterrizar sin la ayuda del instructor. Pero recuerda, los primeros aterrizajes no serán los mas suaves y elegantes, seguramente sucedan "rebotes" contra la pista, pero no te alarmes, siempre estará el instructor para tomar el control.

Briefing

Considerando que se prevén los primeros aterrizajes sin asistencia del instructor, se recomienda volver a mencionar los principios teóricos relevantes al tema, junto al rol de cada uno dentro de la cabina y ante situaciones anormales.

Debriefing

El debriefing debería abarcar todo lo relativo a los aterrizajes, ya que se considera una fase crítica del vuelo, y en los primeros intentos sin la ayuda del instructor, los alumnos pueden sentir que la maniobra resulta imposible de realizar. Es importante recordar que un aterrizaje requiere de tener bajo control a una gran cantidad de variables al mismo tiempo (velocidad, descenso, actitud del avión, altímetro, potencia, visualización de la pista y de la zona.

Lección N°_____ Fecha_______ Briefing ☐ Avión________

ETD:_________ ETA_________ Duración del vuelo_________

Instructor____________________ Debriefing ☐

....	25%	50%	75%	100%	....	25%	50%	75%	100%
....	25%	50%	75%	100%	....	25%	50%	75%	100%
....	25%	50%	75%	100%	....	25%	50%	75%	100%
....	25%	50%	75%	100%	....	25%	50%	75%	100%
....	25%	50%	75%	100%	....	25%	50%	75%	100%
....	25%	50%	75%	100%	....	25%	50%	75%	100%
....	25%	50%	75%	100%	....	25%	50%	75%	100%
....	25%	50%	75%	100%	....	25%	50%	75%	100%

Observaciones:

Lección 8

Objetivos teóricos

Los objetivos teóricos de esta lección, sea por lecciones teóricas del instructor o staff de la academia, o bien, por estudios realizados por cuenta propia, incluyen los siguientes temas:

- Repaso de maniobras y temas anteriores.
- Planificación de una navegación visual.
- Conceptos básicos de las nubes (tipos y características)
- Circuito de tránsito estándar en aeródromos no conocidos.
- Estructuras de comunicaciones aeronáuticas.
- Aproximación frustrada.

Objetivos operativos

Los objetivos operativos de esta lección incluyen los siguientes temas:

- Comunicaciones aeronáuticas simuladas entre piloto e instructor (simulando piloto y torre), durante todo el vuelo.
- Rodaje, despegue y ascenso sin asistencia del instructor.
- Vuelo recto y nivelado a altitud y velocidad constante.
- Navegación de corto alcance (no mas de 60 min de vuelo).
- Aproximación y aterrizaje en la pista del aeródromo de destino de la navegación.

- Operación de vuelo de regreso.
- Aproximación de 180°.
- Aproximación frustrada.
- Aproximación normal y aterrizaje sin asistencia del instructor.

¡Recuerda! El éxito de toda navegación es su correcta y detallada planificación en tierra, considerando: rumbos y cursos, distancias, tiempos y referencias visuales durante la ruta.

Briefing

Con el fin de hacer una pausa a exigente trabajo de maniobras, esta lección está pensada para realizar una navegación visual de tramo corto. El briefing debe basarse en todos los aspectos a considerar de esta navegación.

Debriefing

El debriefing debería considerar los aspectos operativos que tuvo la navegación y que resultaron exitosos, como así también mencionar los errores cometidos juntos a las correcciones pertinentes para cada caso.

Lección N°_____ Fecha_______ Briefing ☐ Avión________

ETD:__________ ETA_________ Duración del vuelo_________

Instructor____________________ Debriefing ☐

....	25%	50%	75%	100%	....	25%	50%	75%	100%
....	25%	50%	75%	100%	....	25%	50%	75%	100%
....	25%	50%	75%	100%	....	25%	50%	75%	100%
....	25%	50%	75%	100%	....	25%	50%	75%	100%
....	25%	50%	75%	100%	....	25%	50%	75%	100%
....	25%	50%	75%	100%	....	25%	50%	75%	100%
....	25%	50%	75%	100%	....	25%	50%	75%	100%
....	25%	50%	75%	100%	....	25%	50%	75%	100%

Observaciones:

Lección 9

Objetivos teóricos

Los objetivos teóricos de esta lección, sea por lecciones teóricas del instructor o staff de la academia, o bien, por estudios realizados por cuenta propia, incluyen los siguientes temas:

- Repaso de maniobras y temas anteriores, especial énfasis en las maniobras y temas que resulten mas complejos para el piloto.
- Repaso del proceso de toma de decisión.
- Repaso de los procedimientos de lectura de las listas de chequeo.
- Repaso de las estructuras de comunicación.
- Repaso de marcas y señalizaciones en la pista.

Objetivos operativos

Los objetivos operativos de esta lección incluyen los siguientes temas:

- Rodaje, despegue y ascenso sin asistencia del instructor.
- Virajes suave, normal y escarpado.
- Giros alrededor de un punto.
- Maniobras de "S" sobre caminos.
- Maniobra de "8" sobre dos referencias.
- Pérdida de sustentación y recuperación de la maniobra.

- Coordinación y corrección de deriva.
- Prácticas de aterrizajes (con asistencia y sin asistencia.

¡Importante! Esta es la lección previa a la evaluación de desempeño y ya casi finalizas la primera etapa. Recuerda que es muy importante hacer todas las preguntas que desee, no debes quedarte con ninguna clase de duda, por mínima o irrelevante que parezca.

Briefing

Considerando que se trata del último vuelo antes de la evaluación parcial, el briefing debe enfocarse en evacuar todas las dudas que pudiera tener el piloto.

Debriefing

El debriefing debería basarse en las últimas correcciones de la operación, intentando dejar bien en claro todos los aspectos que pudieran presentar una falla en la evaluación. Antes de finalizar, es importante volver a mencionar que la evaluación de desempeño es solo un vuelo más, y su finalidad es evaluar el desempeño del piloto ante diferentes situaciones de vuelo sin la asistencia del instructor. Esta información será muy útil para que el instructor pueda planificar el modo correcto de continuar con la instrucción aérea de aquí en adelante.

Lección Nº_____ Fecha_______ Briefing ☐ Avión________

ETD:_________ ETA_________ Duración del vuelo_________

Instructor____________________ Debriefing ☐

....	25%	50%	75%	100%	....	25%	50%	75%	100%
....	25%	50%	75%	100%	....	25%	50%	75%	100%
....	25%	50%	75%	100%	....	25%	50%	75%	100%
....	25%	50%	75%	100%	....	25%	50%	75%	100%
....	25%	50%	75%	100%	....	25%	50%	75%	100%
....	25%	50%	75%	100%	....	25%	50%	75%	100%
....	25%	50%	75%	100%	....	25%	50%	75%	100%
....	25%	50%	75%	100%	....	25%	50%	75%	100%

Observaciones:

Lección 10

Evaluación de desempeño

Los objetivos teóricos de esta evaluación es asegurarse de que el piloto posea los conocimientos mínimos e indispensables sobre los siguientes temas:

- Aerodinámica.
- Instrumentos básicos de vuelo.
- Funcionamiento del motor.
- Conceptos teóricos de las maniobras de vuelo.
- Conocimientos sobre el proceso de toma de decisión.
- Conocimientos sobre los procedimientos dentro de un aeródromo y dentro de un circuito de tránsito.
- Conceptos básicos y planificación de una navegación visual.
- Altimetría.
- Efectos del viento en diferentes fases del vuelo.
- Criterio de seguridad operacional.

Objetivos operativos

Los objetivos operativos de esta evaluación de desempeño buscar encontrar los puntos débiles del piloto, para luego poder trabajar sobre estos y mejorarlos. Por otra parte, se busca potencias los aciertos y afianzar los conocimientos operativos.

- Evaluación de operación en tierra (puesta en marcha, rodaje y despegue)
- Evaluación de todas las maniobras básicas de vuelo.
- Aproximaciones de 90°, 180° y 360°.
- Aproximación frustrada.
- Aterrizajes.

¡Recuerda! Estas evaluaciones te ayudarán a mejorar tus habilidades de vuelo, por tal, solo intenta demostrar lo que sabes, y omite lo que no sabes, ya que habrá tiempo para aprender cosas nuevas, o volver a aprender cosas viejas con errores.

Briefing

Este briefing debe basarse en todas las maniobras que se realizarán, sin dejar nada librado al azar. Es importante transmitir tranquilidad al piloto, y hacerle sentir que es solo un vuelo más.

Debriefing

Este debriefing puede resultar un poco más extenso que el resto, ya que el instructor debe mencionar todos los aciertos y errores, considerando las correcciones para cada caso en particular. Finalmente, luego de evaluar el estado del piloto, el instructor debe certificar que el alumno está listo para continuar con la etapa siguiente, o bien, sugerir algunos vuelos más para reforzar temas básicos, según lo crea necesario.

Lección N°_____ Fecha_______ Briefing ☐ Avión________

ETD:_________ ETA_________ Duración del vuelo_________

Instructor____________________ Debriefing ☐

	25%	50%	75%	100%		25%	50%	75%	100%
....	☐	☐	☐	☐	....	☐	☐	☐	☐
....	☐	☐	☐	☐	....	☐	☐	☐	☐
....	☐	☐	☐	☐	....	☐	☐	☐	☐
....	☐	☐	☐	☐	....	☐	☐	☐	☐
....	☐	☐	☐	☐	....	☐	☐	☐	☐
....	☐	☐	☐	☐	....	☐	☐	☐	☐
....	☐	☐	☐	☐	....	☐	☐	☐	☐
....	☐	☐	☐	☐	....	☐	☐	☐	☐

Observaciones:

¡Importante! Para que un piloto esté listo a pasar a la siguiente etapa de instrucción debe cumplir con los requisitos mínimos operativos y de seguridad en vuelo, incluyendo:

- Un correcto análisis de la cantidad de combustible.
- Una correcta operación en tierra, rodajes dentro de los límites permitidos, despegues dentro de la pista y sin apartarse de su prolongación posterior al despegue.
- Maniobras sin perder demasiada altura (no mas de 200 pies).
- Operación segura dentro del circuito de tránsito.
- Aterrizajes dentro del margen de la pista, sin importar los rebotes, los excesos de velocidad o los excesos de altura.
- Tener presente la posibilidad de una aproximación frustra ante situaciones anormales.
- Y cualquier otro rasgo de seguridad que pueda definir el instructor a cargo de la evaluación.

Capítulo 2

Segunda etapa

Todas las maniobras y temas propuestos por este programa en cada lección responden a un diseño de instrucción aérea determinado y ofrecen una guía a modo de "sugerencia". Será el instructor a cargo quien finalmente decida los temas a tratar en cada lección.

Aviation Bookstore
aviation step by step

Introducción

Esta segunda etapa cuenta con 9 lecciones de vuelo y una décima lección de evaluación de desempeño, pero agregando la posibilidad del primer vuelo solo, si el piloto reúne todos los requisitos para ejecutar un vuelo solo seguro y eficiente. Has superado tu primera evaluación de desempeño, pero aún queda mucho camino por recorrer.

Lección 11

Objetivos teóricos

Los objetivos teóricos de esta lección, sea por lecciones teóricas del instructor o staff de la academia, o bien, por estudios realizados por cuenta propia, incluyen los siguientes temas:

- Conceptos teóricos sobre el proceso de toma de decisión y conciencia situacional.
- Conceptos teóricos del error humano.
- Procedimientos de aproximación frustrada.
- Análisis de emergencias descriptas en el manual del avión.
- Aeropuertos (pistas, calles de rodaje, dependencias, etc).
- Navegación aérea.

Objetivos operativos

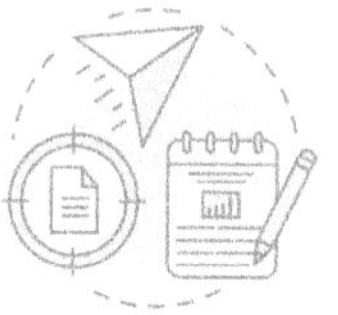

Los objetivos operativos de esta lección incluyen los siguientes temas:

- Rodaje, despegue y ascenso sin asistencia del instructor.
- Comunicaciones simuladas con el instructor (piloto-torre).
- Pérdida de sustentación en viraje.
- Maniobras básicas a elección (“S”, “8”, coordinación, etc).
- Simulacro de instructor incapacitado (toma de decisión y retorno a la pista sin asistencia del instructor).
- Aproximación de 360º.

¡Importante! El simulacro de un instructor incapacitado busca que el alumno tome decisiones operativas por su cuenta ante una situación compleja.

Briefing

Este briefing debe hacer especial énfasis en la gestión del simulacro de emergencia y en las posibles opciones que puede tener el piloto.

Debriefing

El debriefing debería basarse en el desarrollo de las decisiones tomadas, analizando las consecuencias de estas y sugiriendo las mejoras para los próximos vuelos.

Lección N°_____ Fecha_______ Briefing ☐ Avión________

ETD:__________ ETA_________ Duración del vuelo_________

Instructor____________________ Debriefing ☐

	25%	50%	75%	100%		25%	50%	75%	100%
....	☐	☐	☐	☐	....	☐	☐	☐	☐
	25%	50%	75%	100%		25%	50%	75%	100%
....	☐	☐	☐	☐	....	☐	☐	☐	☐
	25%	50%	75%	100%		25%	50%	75%	100%
....	☐	☐	☐	☐	....	☐	☐	☐	☐
	25%	50%	75%	100%		25%	50%	75%	100%
....	☐	☐	☐	☐	....	☐	☐	☐	☐
	25%	50%	75%	100%		25%	50%	75%	100%
....	☐	☐	☐	☐	....	☐	☐	☐	☐
	25%	50%	75%	100%		25%	50%	75%	100%
....	☐	☐	☐	☐	....	☐	☐	☐	☐
	25%	50%	75%	100%		25%	50%	75%	100%
....	☐	☐	☐	☐	....	☐	☐	☐	☐
	25%	50%	75%	100%		25%	50%	75%	100%
....	☐	☐	☐	☐	....	☐	☐	☐	☐

Observaciones:

Lección 12

Objetivos teóricos

Los objetivos teóricos de esta lección, sea por lecciones teóricas del instructor o staff de la academia, o bien, por estudios realizados por cuenta propia, incluyen los siguientes temas:

- Conceptos teóricos sobre emergencias en despegue (con y sin pista remanente).
- Estructura de un briefing de despegue a cargo del piloto.
- Conceptos teóricos sobre un despegue abortado.
- Gestión de emergencias en vuelo.
- Análisis de un aterrizaje de emergencia en lugares no aptos.
- Comunicaciones de emergencia.

Objetivos operativos

Los objetivos operativos de esta lección incluyen los siguientes temas:

- Rodaje, despegue y ascenso sin asistencia del instructor, incluyendo un briefing de despegue.
- Comunicaciones simuladas con el instructor (piloto-torre).
- Despegue abortado RTO (rejected takeoff).
- Despegue normal.
- Simulacro de emergencia con falla de motor a gran altitud.

- Simulacro de emergencia con falla de motor a poca altitud.
- Aproximación de 180°
- Aproximación frustrada.
- Aproximación de 360°.
- Simulacro de falla de motor en circuito de tránsito con aterrizaje de emergencia (si la situación actual del circuito lo permite).

¡Recuerda! El simulacro de una emergencia busca establecer una serie de pasos que guíen al piloto a una senda de vuelo seguro, manteniendo la calma y tomando decisiones a criterio, sin prisa pero sin pausa.

Briefing

Este briefing debe hacer especial énfasis en la gestión del simulacro de emergencia y en las posibles opciones que puede tener el piloto al momento de enfrentar una situación como esta.

Debriefing

El debriefing debería basarse en el desarrollo de las decisiones tomadas, analizando las consecuencias de estas y sugiriendo las mejoras para los próximos vuelos.

Lección Nº_____ Fecha_______ Briefing ☐ Avión________

ETD:__________ ETA_________ Duración del vuelo_________

Instructor______________________ Debriefing ☐

	25%	50%	75%	100%		25%	50%	75%	100%
....	☐	☐	☐	☐	....	☐	☐	☐	☐
....	☐	☐	☐	☐	....	☐	☐	☐	☐
....	☐	☐	☐	☐	....	☐	☐	☐	☐
....	☐	☐	☐	☐	....	☐	☐	☐	☐
....	☐	☐	☐	☐	....	☐	☐	☐	☐
....	☐	☐	☐	☐	....	☐	☐	☐	☐
....	☐	☐	☐	☐	....	☐	☐	☐	☐
....	☐	☐	☐	☐	....	☐	☐	☐	☐

Observaciones:

Lección 13

Objetivos teóricos

Los objetivos teóricos de esta lección, sea por lecciones teóricas del instructor o staff de la academia, o bien, por estudios realizados por cuenta propia, incluyen los siguientes temas:

- Comunicaciones aeronáuticas.
- Planificación y cálculos de navegación.
- Gestión de emergencias.
- Repaso de maniobras básicas.

Objetivos operativos

Los objetivos operativos de esta lección incluyen los siguientes temas:

- Navegación a cargo del piloto en su totalidad. Despegue, crucero, navegación hasta destino, y aterrizaje.
- Comunicaciones reales con la torre de control.
- Despegue normal.
- Simulacro de emergencia con falla de motor.
- Maniobras básicas durante el vuelo.
- Aterrizaje en el destino.
- Despegue y retorno al aeródromo de origen.

• Maniobras básicas durante el vuelo de regreso.

• Simulacro de emergencia con falla de motor.

• Simulacro de instructor incapacitado (toma de decisión y retorno a la pista sin asistencia del instructor).

• Aterrizaje normal.

¡Recuerda! El desarrollo de una correcta navegación siempre se basa en su correcta planificación. No olvides tener en cuenta el efecto del viento durante todo el trayecto. Es normal que cause un efecto de desplazamiento y afecte directamente con tus cálculos de navegación.

Briefing

Este briefing debe hacer especial énfasis en la planificación de la navegación, las consideraciones meteorológicas, la autonomía del avión, las consideraciones geográficas del destino, elevaciones del terreno y de la pista, orientación de pista en destino, comunicaciones aeronáuticas, en caso de que exista una torre de control al arribo, etc.

Debriefing

El debriefing debería basarse en el desarrollo de la navegación, en los aciertos y errores en su planificación, junto a las sugerencias de las acciones correctiva para los próximos vuelos.

Lección N°_____ Fecha_______ Briefing ☐ Avión________

ETD:__________ ETA_________ Duración del vuelo_________

Instructor_____________________ Debriefing ☐

	25%	50%	75%	100%		25%	50%	75%	100%
....	☐	☐	☐	☐	....	☐	☐	☐	☐
....	☐	☐	☐	☐	....	☐	☐	☐	☐
....	☐	☐	☐	☐	....	☐	☐	☐	☐
....	☐	☐	☐	☐	....	☐	☐	☐	☐
....	☐	☐	☐	☐	....	☐	☐	☐	☐
....	☐	☐	☐	☐	....	☐	☐	☐	☐
....	☐	☐	☐	☐	....	☐	☐	☐	☐
....	☐	☐	☐	☐	....	☐	☐	☐	☐

Observaciones:

Lección 14

Objetivos teóricos

Los objetivos teóricos de esta lección, sea por lecciones teóricas del instructor o staff de la academia, o bien, por estudios realizados por cuenta propia, incluyen los siguientes temas:

- Comunicaciones aeronáuticas.
- Despegue abortado.
- Repaso de conceptos teóricos sobre aproximaciones.
- Aerodinámica en el aterrizaje.
- Lectura de instrumentos del avión durante el aterrizaje.

Objetivos operativos

Los objetivos operativos de esta lección incluyen los siguientes temas:

- Despegue abortado.
- Despegue normal.
- Circuito de tránsito y aterrizaje normal.
- Prácticas de aterrizajes en diferentes configuraciones de flaps.
- Comunicaciones reales a cargo del piloto.
- Aproximación de 180° y 360°
- Aterrizaje de emergencia.
- Aproximación frustrada en el tramo final.

- Aproximación frustrada antes de tocar la pista.

¡Importante! Se acerca el día del primer vuelo solo y es muy importante practicar los procedimientos de despegue, circuito y aterrizaje en diferentes situaciones, ya que este primer vuelo solo se trata de eso, un despegue, circuito de tránsito y un aterrizaje normal, solo tú y el avión, con el instructor en tierra observando la maniobra.

Briefing

Este briefing debe hacer especial énfasis en las prácticas de los despegues y aterrizajes en diferentes configuraciones, con el objeto de analizar cada procedimiento en cada caso.

Debriefing

El debriefing debería basarse en el desarrollo de los procedimientos, analizando mas detalladamente los errores cometidos y los aciertos en cada paso, y en cada maniobra. Considerando la instancia avanzada del curso y la proximidad del vuelo solo, este debriefing podría incluir detalles de como se planificaría este primer vuelo solo, a fin de ir preparando mentalmente al alumno para este momento, que sin dudas, marcará un momento en su vida aeronáutica que jamas olvidará.

Lección Nº______ Fecha________ Briefing ☐ Avión_________

ETD:___________ ETA__________ Duración del vuelo__________

Instructor______________________ Debriefing ☐

	25%	50%	75%	100%		25%	50%	75%	100%
....	☐	☐	☐	☐	....	☐	☐	☐	☐
	25%	50%	75%	100%		25%	50%	75%	100%
....	☐	☐	☐	☐	....	☐	☐	☐	☐
	25%	50%	75%	100%		25%	50%	75%	100%
....	☐	☐	☐	☐	....	☐	☐	☐	☐
	25%	50%	75%	100%		25%	50%	75%	100%
....	☐	☐	☐	☐	....	☐	☐	☐	☐
	25%	50%	75%	100%		25%	50%	75%	100%
....	☐	☐	☐	☐	....	☐	☐	☐	☐
	25%	50%	75%	100%		25%	50%	75%	100%
....	☐	☐	☐	☐	....	☐	☐	☐	☐
	25%	50%	75%	100%		25%	50%	75%	100%
....	☐	☐	☐	☐	....	☐	☐	☐	☐
	25%	50%	75%	100%		25%	50%	75%	100%
....	☐	☐	☐	☐	....	☐	☐	☐	☐

Observaciones:

Lección 15

Objetivos teóricos

Los objetivos teóricos de esta lección, sea por lecciones teóricas del instructor o staff de la academia, o bien, por estudios realizados por cuenta propia, incluyen los siguientes temas:

- Comunicaciones aeronáuticas.
- Emergencias en tierra y en vuelo.
- Falla de instrumentos.
- Aerodinámica en el auso de flaps.
- Proceso de toma de decisión y conciencia situacional.

Objetivos operativos

Los objetivos operativos de esta lección incluyen los siguientes temas:

- Simulacro de humo en cabina durante el rodaje y el despegue.
- Despegue abortado.
- Despegue normal.
- Simulacro de humo en cabina durante el vuelo.
- Simulacro de falla de motor y aterrizaje fuera del aeródromo.
- Simulacro de falla de instrumentos (tapando instrumentos).
- Comunicaciones reales a cargo del piloto.

- Prácticas de aterrizajes en diferentes configuraciones.
- Aterrizaje de emergencia.
- Simulacro de humo en cabina durante el aterrizaje.

¡Recuerda! Los procedimientos de emergencia respecto de humo o fuego están descriptos en el manual del avión, en su sección de procedimientos anormales. Bastará con seguir los pasos que indica la lista de chequeo para cada caso, o bien, seguir las recomendaciones que indique el instructor.

Briefing

Este briefing debe hacer especial énfasis en la lectura y comprensión de los procedimientos anormales del manual del avión, y en los procedimientos de emergencia que indique el instructor para llevar a cabo las emergencias que se planifican para este vuelo.

Debriefing

El debriefing debería basarse en el desarrollo de los procedimientos, analizando mas detalladamente los errores cometidos y los aciertos en cada paso y en cada maniobra. Considerando la instancia avanzada del curso y la proximidad del vuelo solo, este debriefing podría incluir detalles de como se planificaría este primer vuelo solo, a fin de ir preparando mentalmente al alumno para este momento, que sin dudas, marcará un momento en su vida aeronáutica que jamas olvidará.

Lección N°_____ Fecha_______ Briefing ☐ Avión________

ETD:__________ ETA_________ Duración del vuelo_________

Instructor____________________ Debriefing ☐

....	25% ☐	50% ☐	75% ☐	100% ☐	....	25% ☐	50% ☐	75% ☐	100% ☐
....	25% ☐	50% ☐	75% ☐	100% ☐	....	25% ☐	50% ☐	75% ☐	100% ☐
....	25% ☐	50% ☐	75% ☐	100% ☐	....	25% ☐	50% ☐	75% ☐	100% ☐
....	25% ☐	50% ☐	75% ☐	100% ☐	....	25% ☐	50% ☐	75% ☐	100% ☐
....	25% ☐	50% ☐	75% ☐	100% ☐	....	25% ☐	50% ☐	75% ☐	100% ☐
....	25% ☐	50% ☐	75% ☐	100% ☐	....	25% ☐	50% ☐	75% ☐	100% ☐
....	25% ☐	50% ☐	75% ☐	100% ☐	....	25% ☐	50% ☐	75% ☐	100% ☐
....	25% ☐	50% ☐	75% ☐	100% ☐	....	25% ☐	50% ☐	75% ☐	100% ☐

Observaciones:

Lección 16

Objetivos teóricos

Los objetivos teóricos de esta lección, sea por lecciones teóricas del instructor o staff de la academia, o bien, por estudios realizados por cuenta propia, incluyen los siguientes temas:

- Repaso teórico de maniobras básicas.
- Altimetría (incluyendo niveles de vuelo) y reglaje altimétrico.
- Limitaciones de las reglas de vuelo visual (VFR).
- Procedimientos de falla de comunicaciones.
- Desarrollo del ciclo Otto.
- Formula de sustentación y sus variables modificables.

Objetivos operativos

Los objetivos operativos de esta lección incluyen los siguientes temas:

- Despegue normal y comunicaciones reales.
- Ascenso a régimen constante.
- Maniobra de "8" sobre dos puntos.
- Maniobra de "S" sobre caminos.
- Maniobra de pérdida y recuperación de pérdida.
- Maniobra de pérdida en viraje y recuperación de pérdida.
- Coordinación.

- Deslizamiento y aterrizaje normal.
- Simulacro de falla de comunicaciones.
- Aproximaciones de 180° y de 360°.

¡Recuerda! Es importante que el piloto siempre tenga presente las limitaciones reglamentarias para un vuelo VFR, ya que de omitir estas limitaciones no solo incurriría en una falta reglamentaria, sino que también podría afectar a la seguridad operacional del vuelo.

Briefing

Este briefing debe hacer especial énfasis en el repaso de las maniobras básicas, en las reglamentaciones vigentes respecto de los vuelos VFR y en los procedimientos de falla en las comunicaciones.

Debriefing

El debriefing debería basarse en el desarrollo de las maniobras realizadas, buscando mejorarlas lo más detalladamente posible, se acerca el vuelo solo, y es importante afianzar todos los conocimientos en post a la seguridad aérea. Adicionalmente deben mencionarse las consecuencias de no cumplir con las limitaciones para los vuelos VFR, y las consecuencias de no seguir los procedimientos de falla de comunicaciones dentro de un espacio aéreo controlado de gran cantidad de tránsitos.

Lección Nº_____ Fecha_______ Briefing ☐ Avión________

ETD:__________ ETA_________ Duración del vuelo_________

Instructor______________________ Debriefing ☐

....	25% ☐	50% ☐	75% ☐	100% ☐	....	25% ☐	50% ☐	75% ☐	100% ☐
....	25% ☐	50% ☐	75% ☐	100% ☐	....	25% ☐	50% ☐	75% ☐	100% ☐
....	25% ☐	50% ☐	75% ☐	100% ☐	....	25% ☐	50% ☐	75% ☐	100% ☐
....	25% ☐	50% ☐	75% ☐	100% ☐	....	25% ☐	50% ☐	75% ☐	100% ☐
....	25% ☐	50% ☐	75% ☐	100% ☐	....	25% ☐	50% ☐	75% ☐	100% ☐
....	25% ☐	50% ☐	75% ☐	100% ☐	....	25% ☐	50% ☐	75% ☐	100% ☐
....	25% ☐	50% ☐	75% ☐	100% ☐	....	25% ☐	50% ☐	75% ☐	100% ☐
....	25% ☐	50% ☐	75% ☐	100% ☐	....	25% ☐	50% ☐	75% ☐	100% ☐

Observaciones:

Lección 17

Objetivos teóricos

Los objetivos teóricos de esta lección, sea por lecciones teóricas del instructor o staff de la academia, o bien, por estudios realizados por cuenta propia, incluyen los siguientes temas:

- Comunicaciones de emergencia en ruta.
- Planificación y cálculos de navegación considerando la influencia de los factores meteorológicos.
- Emergencias médicas durante el vuelo.
- Falla de instrumentos en tierra y en vuelo.
- Formula de sustentación y sus variables modificables.

Objetivos operativos

Los objetivos operativos de esta lección incluyen los siguientes temas:

- Despegue normal y comunicaciones reales.
- Desarrollo de la navegación hacia el destino.
- Durante el trayecto de vuelo crucero, repaso de maniobras.
- Corrección de deriva.
- Aterrizaje normal en destino.
- Despegue y retorno al aeródromo de origen.
- Maniobra de pérdida y recuperación de pérdida.

- Corrección de deriva.
- Deslizamiento y aterrizaje normal.
- Prácticas reiteradas de aterrizajes.

¡Recuerda! Es importante recordar los posibles efectos del viento sobre el curso de la navegación hacia el destino. Las correcciones de deriva deben ser constantes a fin de mantener el curso modificando el rumbo tantas veces como sea necesario.

Briefing

Este briefing debe hacer referencia a la planificación y a los cálculos de la navegación de ira y de regreso, mencionando todas las consideraciones meteorológicas y sus posibles consecuencias en el vuelo.

Debriefing

El debriefing debería considerar los aciertos y errores en la navegación y maniobras realizadas, mencionando las sugerencias operativas para potenciar las habilidades de vuelo del piloto.

Lección N°_____ Fecha_______ Briefing ☐ Avión________

ETD:__________ ETA_________ Duración del vuelo_________

Instructor_____________________ Debriefing ☐

	25%	50%	75%	100%		25%	50%	75%	100%
....	☐	☐	☐	☐	....	☐	☐	☐	☐
....	☐	☐	☐	☐	....	☐	☐	☐	☐
....	☐	☐	☐	☐	....	☐	☐	☐	☐
....	☐	☐	☐	☐	....	☐	☐	☐	☐
....	☐	☐	☐	☐	....	☐	☐	☐	☐
....	☐	☐	☐	☐	....	☐	☐	☐	☐
....	☐	☐	☐	☐	....	☐	☐	☐	☐
....	☐	☐	☐	☐	....	☐	☐	☐	☐

Observaciones:

Lección 18

Objetivos teóricos

Los objetivos teóricos de esta lección, sea por lecciones teóricas del instructor o staff de la academia, o bien, por estudios realizados por cuenta propia, incluyen los siguientes temas:

- Repaso teórico de procedimientos de emergencia.
- Lectura y comprensión de procedimientos anormales descriptos en el manual del avión.
- Comunicaciones aeronáuticas.
- Falla de instrumentos en tierra y en vuelo.
- Formula de sustentación y sus variables modificables.

Objetivos operativos

Los objetivos operativos de esta lección incluyen los siguientes temas:

- Despegue normal y comunicaciones reales.
- Simulacro de emergencias en vuelo.
- Simulacro de emergencia médica (aterrizaje inmediato).
- Simulacro de emergencias en circuito (falla de motor).
- Despegue y máximo régimen de ascenso.
- Maniobra de pérdida y recuperación de pérdida.
- Deslizamiento y aterrizaje normal.

- Prácticas reiteradas de aterrizajes.

¡Recuerda! Es importante realizar todas las preguntas necesarias para aclarar cualquier tipo de dudas que pudieran surgir de los procedimientos realizados hasta aquí, ya que en los próximos vuelos llegan la evaluación de desempeño y el primer vuelo solo.

¡Importante! El primer vuelo solo puede darse en cualquier momento del curso, y será decisión exclusiva del instructor. En esta obra, y a modo de ejemplo, lo ubicamos en la lección número 20.

Briefing

Este briefing debe hacer especial énfasis en el repaso de todos los procedimientos de emergencia basados en los conceptos de conciencia situacional y toma de decisión.

Debriefing

El debriefing debería en basarse los puntos a mejorar sobre los procedimientos de emergencia, acompañado de sugerencias operativas ante diferentes escenarios.

Lección N°_____ Fecha_______ Briefing ☐ Avión________

ETD:__________ ETA_________ Duración del vuelo_________

Instructor_____________________ Debriefing ☐

	25%	50%	75%	100%		25%	50%	75%	100%
....	☐	☐	☐	☐	....	☐	☐	☐	☐
....	☐	☐	☐	☐	....	☐	☐	☐	☐
....	☐	☐	☐	☐	....	☐	☐	☐	☐
....	☐	☐	☐	☐	....	☐	☐	☐	☐
....	☐	☐	☐	☐	....	☐	☐	☐	☐
....	☐	☐	☐	☐	....	☐	☐	☐	☐
....	☐	☐	☐	☐	....	☐	☐	☐	☐
....	☐	☐	☐	☐	....	☐	☐	☐	☐

Observaciones:

Lección 19

Evaluación de desempeño

Los objetivos teóricos de esta evaluación es asegurarse de que el piloto posea los conocimientos mínimos e indispensables sobre los siguientes temas:

- Aerodinámica aplicada a los procedimientos.
- Formula de sustentación y sus variables modificables.
- Procedimientos de emergencias en tierra y en vuelo.
- Procedimientos de falla de comunicaciones.
- Conocimientos sobre la planificación de una navegación completa, mencionando las consideraciones meteorológicas y sus posibles efectos en el vuelo.
- Comprensión de los procedimientos anormales descriptos en el manual del avión..

Objetivos operativos

Los objetivos operativos de esta evaluación de desempeño buscar encontrar los puntos débiles del piloto, para luego poder trabajar sobre estos y mejorarlos. Por otra parte, se busca potencias los aciertos y afianzar los conocimientos operativos.

- Evaluación de operación en tierra (puesta en marcha, rodaje y despegue)

- Evaluación de todas las maniobras en emergencia (falla de motor, aterrizaje de emergencia, falla de instrumentos).
- Corrección de deriva.
- Aproximaciones de 90°, 180° y 360°.
- Aproximación frustrada.
- Aterrizajes.

¡Recuerda! Estas evaluaciones te ayudarán a mejorar tus habilidades de vuelo, por tal, solo intenta demostrar lo que sabes, y omite lo que no sabes, ya que habrá tiempo para aprender cosas nuevas, o volver a aprender cosas viejas con errores.

Briefing

Este briefing debe hacer especial énfasis en los procesos de toma de decisión y conciencia situacional, ya que gran parte del vuelo refiere a situaciones de emergencia donde el piloto debe aplicar su buen criterio y decidir las acciones a seguir.

Debriefing

Este debriefing puede resultar un poco más extenso que el resto, ya que el instructor debe mencionar todos los aciertos y errores, considerando que se acerca el primer vuelo solo y no deben quedar dudas de ninguna clase. Es importante finalizar el debriefing otorgándole al alumno toda la seguridad de que realmente ha hecho un buen trabajo si ha llegado hasta este punto.

Lección N°_____ Fecha_______ Briefing ☐ Avión________

ETD:_________ ETA_________ Duración del vuelo_________

Instructor____________________ Debriefing ☐

	25%	50%	75%	100%		25%	50%	75%	100%
....	☐	☐	☐	☐	....	☐	☐	☐	☐
....	☐	☐	☐	☐	....	☐	☐	☐	☐
....	☐	☐	☐	☐	....	☐	☐	☐	☐
....	☐	☐	☐	☐	....	☐	☐	☐	☐
....	☐	☐	☐	☐	....	☐	☐	☐	☐
....	☐	☐	☐	☐	....	☐	☐	☐	☐
....	☐	☐	☐	☐	....	☐	☐	☐	☐
....	☐	☐	☐	☐	....	☐	☐	☐	☐

Observaciones:

Lección 20

¡Tu primer vuelo solo!

Tu primer vuelo solo es uno de los momentos más importantes de tu vida aeronáutica. Un sinfín de emociones te invadirán en unos instantes: miedo, alegría, incertidumbre, emoción, euforia, ansiedad, etc. ¡Pero no te alarmes!. Ten por seguro que estás preparado. El instructor de vuelo ya viene considerando esta posibilidad desde hace varios vuelos atrás, verificando tus habilidades de vuelo y tu actitud frente a diversas situaciones, y si ha decidido que hoy sea el día, es por que cree que estás 100% listo para el desafío. Así que confía en ti mismo, en tus capacidades y en el buen criterio de tu instructor.

Objetivos operativos

Los objetivos operativos de esta lección incluyen los siguientes temas:

- Despegue normal y comunicaciones reales.
- Circuito de transito estándar.
- Aterrizaje normal y finalización del vuelo.

¡Importante! Podrá parecer poco, pero en tu primer vuelo solo, bastará con realizar un circuito de tránsito y aterrizar para que logres sentir la magia de haber conquistado el vuelo, por que de hecho es exactamente lo que harás.

Briefing

Este será un briefing muy particular, donde el instructor te dará la noticia de que volarás completamente solo. Considerando los nervios habituales de tal situación el briefing debe tratar los siguientes temas:

- Despegue normal.
- Circuito de tránsito.
- Aterrizaje normal.
- Comunicaciones reales.
- Repaso de los procedimientos de despegue abortado y aterrizaje de emergencia.
- Toma de decisión y conciencia situacional.

Debriefing

El debriefing debe incluir un relato por parte del piloto que ha volado solo acerca de sus emociones y de como ha sobrellevado su vuelo sin el instructor a su lado. Por otra parte, el instructor deberá hacer las correcciones correspondientes, en caso de que exista alguna, y luego abordar temas referentes al factor humano en la cabina (liderazgo, miedos, toma de decisión, conciencia situacional, etc), ya que en lo que resta del curso, el piloto continuará volando solo en varias lecciones y es muy importante que tenga en cuenta todo lo relativo al factor humano, ya que las pericias de vuelo las ha adquirido con éxito.

Lección Nº_____ Fecha_______ Briefing ☐ Avión________

ETD:__________ ETA_________ Duración del vuelo_________

Instructor_____________________ Debriefing ☐

	25%	50%	75%	100%		25%	50%	75%	100%
....	☐	☐	☐	☐	....	☐	☐	☐	☐
....	☐	☐	☐	☐	....	☐	☐	☐	☐
....	☐	☐	☐	☐	....	☐	☐	☐	☐
....	☐	☐	☐	☐	....	☐	☐	☐	☐
....	☐	☐	☐	☐	....	☐	☐	☐	☐
....	☐	☐	☐	☐	....	☐	☐	☐	☐
....	☐	☐	☐	☐	....	☐	☐	☐	☐
....	☐	☐	☐	☐	....	☐	☐	☐	☐

Observaciones:

Capítulo 3

Tercera etapa

Todas las maniobras y temas propuestos por este programa en cada lección responden a un diseño de instrucción aérea determinado y ofrecen una guía a modo de "sugerencia". Será el instructor a cargo quien finalmente decida los temas a tratar en cada lección.

Aviation Bookstore
aviation step by step

Introducción

Esta tercera etapa cuenta con 9 lecciones de vuelo y una décima lección de evaluación de desempeño. Hasta aquí el piloto ha llegado a la mitad del curso inicial con éxito. Ya existe un dominio de todas las maniobras básicas, no a la perfección, pero si operando con seguridad. En esta segunda mitad, se agregan temas mas avanzados y te repasan temas anteriores, considerando algunos vuelos solos entre lecciones.

Lección 21

Objetivos teóricos

Los objetivos teóricos de esta lección, sea por lecciones teóricas del instructor o staff de la academia, o bien, por estudios realizados por cuenta propia, incluyen los siguientes temas:

- Introducción a los procedimientos radioeléctricos.
- Instrumentos de navegación.
- Procedimientos VOR (ingresos, alejamientos, esperas).
- Introducción al plan de vuelo.
- Espacios aéreos.
- Aerovías y cartas de ruta.
- Aeropuertos.

Objetivos operativos

Los objetivos operativos de esta lección incluyen los siguientes temas:

- Despegue y ascenso a régimen constante.
- Ascenso cambiando de QFE a QNH, pasando capa de transición hasta QHE y descenso a la inversa.
- Comunicaciones radioeléctricas.
- Demostración del funcionamiento de los instrumentos de navegación.
- Corrección de deriva.
- Aproximación de 360°.

¡Importante! Aquí comienza el aprendizaje de un nuevo tema, los procedimientos radioeléctricos, un tema extenso que será uno de los pilares de tu carrera.

Briefing

Este briefing debe hacer especial énfasis en la incorporación de los conceptos altimétricos del código Q y la capa de transición.

Debriefing

El debriefing debería basarse en el desarrollo de los ascensos y descensos cambiando el reglaje altimétrico en cada caso, mencionando la introducción al manejo de los instrumentos de navegación y cambio de posiciones radioeléctricas.

Lección N°_____ Fecha_______ Briefing ☐ Avión________

ETD:__________ ETA_________ Duración del vuelo_________

Instructor_____________________ Debriefing ☐

	25%	50%	75%	100%		25%	50%	75%	100%
....	☐	☐	☐	☐	....	☐	☐	☐	☐
....	☐	☐	☐	☐	....	☐	☐	☐	☐
....	☐	☐	☐	☐	....	☐	☐	☐	☐
....	☐	☐	☐	☐	....	☐	☐	☐	☐
....	☐	☐	☐	☐	....	☐	☐	☐	☐
....	☐	☐	☐	☐	....	☐	☐	☐	☐
....	☐	☐	☐	☐	....	☐	☐	☐	☐
....	☐	☐	☐	☐	....	☐	☐	☐	☐

Observaciones:

Lección 22

Objetivos teóricos

Los objetivos teóricos de esta lección, sea por lecciones teóricas del instructor o staff de la academia, o bien, por estudios realizados por cuenta propia, incluyen los siguientes temas:

- Instrumentos de navegación.
- Procedimientos VOR (ingresos, alejamientos, esperas).
- Introducción al plan de vuelo.
- Maniobra de "Flare" durante el aterrizaje.
- Aerodinámica del Flare.

Objetivos operativos

Los objetivos operativos de esta lección incluyen los siguientes temas:

- Simulacro de llenado y presentación del formulario de plan de vuelo.
- Ascenso hasta altitud de transición.
- Comunicaciones radioeléctricas.
- Simulacro de presentación de plan de vuelo en vuelo.
- Operación de los instrumentos de navegación.
- Ingresos y alejamientos VOR.
- Aterrizaje normal y desarrollo del Flare.

¡Recuerda! La altitud de transición es el borde inferior de la capa de transición, y su borde superior se conoce como nivel de transición.

¡Importante! Si bien la obligatoriedad de la presentación de un plan de vuelo refiere a las operaciones en espacios aéreos controlados, se recomienda la constante práctica simulada, aunque el vuelo se desarrolle en un aeródromo no controlado.

Briefing

Este briefing debe hacer especial énfasis en la confección del formulario del plan de vuelo, su importancia, sus características y limitaciones. Seguido a ello, un detallado análisis de los procedimientos radioeléctricos a realizar, a fin de que el piloto sepa todo lo que debe esperar sin dejar nada librado al azar.

Debriefing

El debriefing debería basarse en el desarrollo de los procedimientos radioeléctricos, considerando que se trata de un tema fundamental para el desarrollo de un piloto profesional. Un repaso de los conceptos teóricos de los procedimientos realizados, ayudará al piloto a finalizar la lección con sólidos conocimientos y sin dudas, en caso de que hubiese quedado alguna.

Lección N°_____ Fecha_______ Briefing ☐ Avión________

ETD:__________ ETA_________ Duración del vuelo_________

Instructor______________________ Debriefing ☐

....	25% ☐	50% ☐	75% ☐	100% ☐	....	25% ☐	50% ☐	75% ☐	100% ☐
....	25% ☐	50% ☐	75% ☐	100% ☐	....	25% ☐	50% ☐	75% ☐	100% ☐
....	25% ☐	50% ☐	75% ☐	100% ☐	....	25% ☐	50% ☐	75% ☐	100% ☐
....	25% ☐	50% ☐	75% ☐	100% ☐	....	25% ☐	50% ☐	75% ☐	100% ☐
....	25% ☐	50% ☐	75% ☐	100% ☐	....	25% ☐	50% ☐	75% ☐	100% ☐
....	25% ☐	50% ☐	75% ☐	100% ☐	....	25% ☐	50% ☐	75% ☐	100% ☐
....	25% ☐	50% ☐	75% ☐	100% ☐	....	25% ☐	50% ☐	75% ☐	100% ☐
....	25% ☐	50% ☐	75% ☐	100% ☐	....	25% ☐	50% ☐	75% ☐	100% ☐

Observaciones:

Lección 23 (vuelo solo)

Objetivos teóricos

Los objetivos teóricos de esta lección, sea por lecciones teóricas del instructor o staff de la academia, o bien, por estudios realizados por cuenta propia, incluyen los siguientes temas:

- Reconocimiento de aeródromos cercanos y pistas alternativas.
- Repaso de conceptos aerodinámicos de la pérdida de sustentación y la maniobra de recuperación.
- Confección del plan de vuelo.
- Aerodinámica del "Flare" durante el aterrizaje ante diferentes situaciones.
- Reconocimiento de obstáculos en las cercanías de la pista

Objetivos operativos (vuelo solo)

Los objetivos operativos de esta lección incluyen los siguientes temas (Vuelo Solo):

- Despegue normal y ascenso.
- Ascenso hasta altitud de transición.
- Comunicaciones aeronáuticas.
- Maniobras básicas en las cercanías del aeródromo.
- Identificación de posiciones radioeléctricas.
- Retorno al aeródromo.

- Prácticas de aterrizajes en configuración normal.
- Identificación y desarrollo del flare.

¡Importante! La duración de los primeros vuelos solos suele ser menor a los 60 minutos tradicionales, ya que es recomendable que antes de finalizar la lección, el instructor se suba al avión y realice unos circuitos más, a fin de seguir perfeccionando las técnicas del aterrizaje y flare.

Briefing

Este briefing debe hacer especial énfasis en los obstáculos ubicados en las cercanías del aeródromo, zona donde se desarrollará el vuelo solo. Adicionalmente, se considera la mención de las maniobras que el piloto debe practicar y la mención de la duración del vuelo.

Debriefing

El debriefing debería basarse en el desarrollo de las maniobras realizadas, considerando los aciertos y errores. Adicionalmente se establecen los objetivos para los vuelos siguientes, mencionando que se presentarán otros vuelos solos entre lecciones, con el fin de que el piloto afiance su confianza con el avión y sus capacidades de vuelo.

Lección N°_____ Fecha_______ Briefing ☐ Avión________

ETD:__________ ETA_________ Duración del vuelo_________

Instructor____________________ Debriefing ☐

	25%	50%	75%	100%		25%	50%	75%	100%
....	☐	☐	☐	☐	....	☐	☐	☐	☐
	25%	50%	75%	100%		25%	50%	75%	100%
....	☐	☐	☐	☐	....	☐	☐	☐	☐
	25%	50%	75%	100%		25%	50%	75%	100%
....	☐	☐	☐	☐	....	☐	☐	☐	☐
	25%	50%	75%	100%		25%	50%	75%	100%
....	☐	☐	☐	☐	....	☐	☐	☐	☐
	25%	50%	75%	100%		25%	50%	75%	100%
....	☐	☐	☐	☐	....	☐	☐	☐	☐
	25%	50%	75%	100%		25%	50%	75%	100%
....	☐	☐	☐	☐	....	☐	☐	☐	☐
	25%	50%	75%	100%		25%	50%	75%	100%
....	☐	☐	☐	☐	....	☐	☐	☐	☐
	25%	50%	75%	100%		25%	50%	75%	100%
....	☐	☐	☐	☐	....	☐	☐	☐	☐

Observaciones:

Lección 24

Objetivos teóricos

Los objetivos teóricos de esta lección, sea por lecciones teóricas del instructor o staff de la academia, o bien, por estudios realizados por cuenta propia, incluyen los siguientes temas:

- Procedimientos VOR (ingresos, alejamientos, esperas).
- Plan de vuelo.
- Aerodinámica del Flare.
- Marcaciones de pista y luces (aeropuerto internacional).

Introducción a las regulaciones aeronáuticas.

- Sistemas básicos del avión.

Objetivos operativos

Los objetivos operativos de esta lección incluyen los siguientes temas:

- Despegue en pista corta.
- Ascenso a régimen constante.
- Maniobra de "S" sobre caminos.
- Identificación de posiciones.
- Ingresos y alejamientos VOR.
- Análisis de otros instrumentos de navegación: ADF, RMI, HSI
- Simulacro de presentación de plan de vuelo en vuelo.

- Aproximación de 180°
- Aterrizaje normal.
- Despegue, circuito y aterrizaje en pista corta.

¡Importante! Los despegues y aterrizajes en pistas cortas pueden ser simulador en tu propia pista, limitando su uso a un acortado tramo de longitud de pista.

Briefing

Este briefing debe hacer especial énfasis en la operación de la aeronave en pistas cortas o contaminadas. Adicionalmente se deben mencionar los procedimientos radioeléctricos a realizar, a fin de que el piloto tenga conciencia situacional de lo que está sucediendo en el vuelo.

Debriefing

El debriefing debería basarse en el desarrollo de los procedimientos radioeléctricos, considerando que se trata de un tema fundamental para el desarrollo de un piloto profesional. Adicionalmente, un repaso de todas las maniobras realizadas, con aciertos y errores, y una explicación final del uso de flaps en operaciones en pistas cortas.

Lección Nº_____ Fecha_______ Briefing ☐ Avión________

ETD:__________ ETA_________ Duración del vuelo_________

Instructor_____________________ Debriefing ☐

	25%	50%	75%	100%		25%	50%	75%	100%
....	☐	☐	☐	☐	....	☐	☐	☐	☐
....	☐	☐	☐	☐	....	☐	☐	☐	☐
....	☐	☐	☐	☐	....	☐	☐	☐	☐
....	☐	☐	☐	☐	....	☐	☐	☐	☐
....	☐	☐	☐	☐	....	☐	☐	☐	☐
....	☐	☐	☐	☐	....	☐	☐	☐	☐
....	☐	☐	☐	☐	....	☐	☐	☐	☐
....	☐	☐	☐	☐	....	☐	☐	☐	☐

Observaciones:

Lección 25 (mitad vuelo solo y mitad con el instructor)

Objetivos teóricos

Los objetivos teóricos de esta lección, sea por lecciones teóricas del instructor o staff de la academia, o bien, por estudios realizados por cuenta propia, incluyen los siguientes temas:

- Frecuencias VHF de aeródromos cercanos.
- Códigos de emergencia en transponder.
- Confección del plan de vuelo.
- Aerodinámica del "Flare" durante el aterrizaje ante diferentes situaciones.
- Reconocimiento de obstáculos en las cercanías de la pista.

Objetivos operativos (vuelo solo)

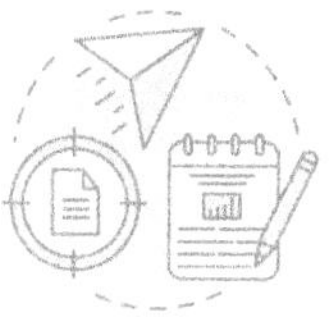

Los objetivos operativos de esta lección incluyen los siguientes temas (Vuelo Solo):

- Despegue normal y ascenso.
- Ascenso hasta altitud de transición.
- Comunicaciones radioeléctricas.
- Maniobras básicas en las cercanías del aeródromo.
- Identificación de posiciones radioeléctricas.
- Retorno al aeródromo.

Objetivos operativos (con el instructor)

Los objetivos operativos de esta lección incluyen los siguientes temas:

- Aproximaciones de 180° y 360°.
- Despegue abortado.
- Aterrizaje de emergencia.

¡Importante! La duración de los vuelos divididos en dos como este, lo decidirá el instructor se lo considere. El objetivo final de este procedimiento es continuar dándole al piloto al posibilidad de sumar experiencia solo en la cabina, y al mismo tiempo, continuar con las enseñanzas del instructor.

Briefing

Este briefing debe hacer especial énfasis en los obstáculos ubicados en las cercanías del aeródromo y las maniobras o procedimiento que el piloto realizará estando solo.

Debriefing

El debriefing debería basarse en el desarrollo de las maniobras realizadas, considerando los aciertos y errores, y planteando los objetivos para los próximos vuelos.

Lección N°_____ Fecha_______ Briefing ☐ Avión________

ETD:__________ ETA_________ Duración del vuelo_________

Instructor____________________ Debriefing ☐

	25%	50%	75%	100%	25%	50%	75%	100%
....	☐	☐	☐	☐	☐	☐	☐	☐
	25%	50%	75%	100%	25%	50%	75%	100%
....	☐	☐	☐	☐	☐	☐	☐	☐
	25%	50%	75%	100%	25%	50%	75%	100%
....	☐	☐	☐	☐	☐	☐	☐	☐
	25%	50%	75%	100%	25%	50%	75%	100%
....	☐	☐	☐	☐	☐	☐	☐	☐
	25%	50%	75%	100%	25%	50%	75%	100%
....	☐	☐	☐	☐	☐	☐	☐	☐
	25%	50%	75%	100%	25%	50%	75%	100%
....	☐	☐	☐	☐	☐	☐	☐	☐
	25%	50%	75%	100%	25%	50%	75%	100%
....	☐	☐	☐	☐	☐	☐	☐	☐
	25%	50%	75%	100%	25%	50%	75%	100%
....	☐	☐	☐	☐	☐	☐	☐	☐

Observaciones:

Lección 26

Objetivos teóricos

Los objetivos teóricos de esta lección, sea por lecciones teóricas del instructor o staff de la academia, o bien, por estudios realizados por cuenta propia, incluyen los siguientes temas:

- Procedimientos VOR (ingresos, alejamientos, esperas).
- Plan de vuelo.
- Espacios aéreos.
- Regulaciones aeronáuticas respecto de las cantidades mínimas de combustible en los vuelos.

Objetivos operativos

Los objetivos operativos de esta lección incluyen los siguientes temas:

- Despegue y ascenso a régimen constante.
- Maniobra de “8” sobre referencias.
- Identificación de posiciones.
- Ingresos y alejamientos VOR.
- Ingresos de inversión de curso VOR (gota, oaci, 90-270).
- Aproximación de 180°
- Aterrizaje normal.
- Despegue abortado.

- Despegue normal a máximo régimen de ascenso.
- Aproximación y aterrizaje “Sin variómetro”.

¡Importante! Con el avance de las horas de vuelo de experiencia, el piloto comenzará a identificar las sensaciones del cuerpo en cada maniobra. Este es un buen momento para comenzar a operar la aeronave simulando la falla de instrumentos.

Briefing

Este briefing debe hacer especial énfasis en los procedimientos radioeléctricos a realizar, junto con un repaso de maniobras básicas y los conceptos de operación con falla de instrumentos.

Debriefing

El debriefing debería basarse en el desarrollo de los procedimientos radioeléctricos, considerando que se trata de un tema fundamental para el desarrollo de un piloto profesional. Adicionalmente es posible mencionar de desarrollo de las maniobras realizadas con la falla simulada de instrumentos.

Lección N°______ Fecha________ Briefing ☐ Avión________

ETD:__________ ETA_________ Duración del vuelo_________

Instructor________________________ Debriefing ☐

	25%	50%	75%	100%		25%	50%	75%	100%
....	☐	☐	☐	☐	....	☐	☐	☐	☐
....	☐	☐	☐	☐	....	☐	☐	☐	☐
....	☐	☐	☐	☐	....	☐	☐	☐	☐
....	☐	☐	☐	☐	....	☐	☐	☐	☐
....	☐	☐	☐	☐	....	☐	☐	☐	☐
....	☐	☐	☐	☐	....	☐	☐	☐	☐
....	☐	☐	☐	☐	....	☐	☐	☐	☐
....	☐	☐	☐	☐	....	☐	☐	☐	☐

Observaciones:

Lección 27

Objetivos teóricos

Los objetivos teóricos de esta lección, sea por lecciones teóricas del instructor o staff de la academia, o bien, por estudios realizados por cuenta propia, incluyen los siguientes temas:

- Procedimientos VOR (ingresos, alejamientos, esperas).
- Plan de vuelo.
- Operación de vuelo con falla de instrumentos básicos de control.
- Equipamiento mínimo de vuelo.
- Uso del transponder.
- Introducción al funcionamiento de la radiobaliza ELT.

Objetivos operativos

Los objetivos operativos de esta lección incluyen los siguientes temas:

- Despegue y ascenso a régimen constante.
- Virajes "Sin velocímetro".
- Coordinación "Sin altímetro".
- Giros alrededor de un punto "Sin altímetro".
- Ingresos y alejamientos VOR "Sin velocímetro".
- Circuito de tránsito y aterrizaje "Sin altímetro".

- Despegue "Sin velocímetro".
- Aproximación normal "Sin giro direccional o brújula".
- Aterrizaje "Con flaps full".

¡Importante! Al perder la información de alguno de los instrumentos de vuelo, el piloto podrá compensar esta falta de información con la brindada por el resto de los instrumentos. Por ejemplo, ante la falta del altímetro, el piloto podría asumir que la aeronave está ascendiendo si la velocidad comienza a disminuir, por otra parte, podría asumir que la aeronave está descendiendo si la velocidad comienza a aumentar.

Briefing

Este briefing debe hacer especial énfasis en los procedimientos de vuelo con falla de instrumentos, junto con las diferentes técnicas de operación con los instrumentos restantes.

Debriefing

El debriefing debería basarse en el desarrollo de los procedimientos con falla de instrumentos, volviendo a repasar cada uno de estos y desarrollando los conceptos teóricos correctos para cada caso. Es importante que el piloto sienta que ante la falta de un instrumento podrá continuar el vuelo de forma segura, si logra analizar y comprender la información del resto de los equipos.

Lección N°_____ Fecha_______ Briefing ☐ Avión________

ETD:__________ ETA_________ Duración del vuelo_________

Instructor______________________ Debriefing ☐

	25%	50%	75%	100%		25%	50%	75%	100%
....	☐	☐	☐	☐	....	☐	☐	☐	☐
....	☐	☐	☐	☐	....	☐	☐	☐	☐
....	☐	☐	☐	☐	....	☐	☐	☐	☐
....	☐	☐	☐	☐	....	☐	☐	☐	☐
....	☐	☐	☐	☐	....	☐	☐	☐	☐
....	☐	☐	☐	☐	....	☐	☐	☐	☐
....	☐	☐	☐	☐	....	☐	☐	☐	☐
....	☐	☐	☐	☐	....	☐	☐	☐	☐

Observaciones:

Lección 28 (Navegación)

Objetivos teóricos

Los objetivos teóricos de esta lección, sea por lecciones teóricas del instructor o staff de la academia, o bien, por estudios realizados por cuenta propia, incluyen los siguientes temas:

- Plan de vuelo.
- Operación de vuelo con falla de instrumentos básicos de control.
- Equipamiento mínimo de vuelo.
- Uso del transponder.
- Planificación completa de una navegación de mediano alcance, considerando las variables meteorológicas.
- Uso de las planillas de navegación.

Objetivos operativos

Los objetivos operativos de esta lección incluyen los siguientes temas:

- Presentación real de un plan de vuelo.
- Despegue y ascenso a régimen constante.
- Comunicaciones reales.
- Vuelo hacia el destino completando la planilla de navegación en cada punto intermedio.

- Determinación de la dirección del viento en función al desplazamiento de la aeronave.
- Corrección de deriva.
- Aterrizaje normal en destino.
- Vuelo de regreso.
- Determinación de la dirección del viento en función al desplazamiento de la aeronave.
- Corrección de deriva.
- Circuito de tránsito y aterrizaje "Sin altímetro".

¡Recuerda! Contar con una planilla de navegación te ayudará a tener los datos calculados siempre a la vista, considerando que podrás compararlos con los tiempos reales de vuelo. A continuación una planilla de navegación a modo de ejemplo.

Briefing

Este briefing debe hacer especial énfasis la planificación de la navegación, considerando todas las variables que pudieran afectar su normal desempeño.

Debriefing

El debriefing debería basarse en la operación en general, mencionando las correcciones necesarias para lograr superar los errores en los vuelos siguientes.

ORIGEN: DESTINO: START: ETD: ETA: END:

TRAMOS	CURSO RUMBO	DISTANCIA	TIEMPOS ESTIMADO REAL	CONSUMOS ESTIMADO REAL	SPD TAS GS	FRECUENCIAS

Lección N°______ Fecha________ Briefing ☐ Avión_________

ETD:___________ ETA__________ Duración del vuelo__________

Instructor______________________ Debriefing ☐

	25%	50%	75%	100%		25%	50%	75%	100%
....	☐	☐	☐	☐	....	☐	☐	☐	☐
....	☐	☐	☐	☐	....	☐	☐	☐	☐
....	☐	☐	☐	☐	....	☐	☐	☐	☐
....	☐	☐	☐	☐	....	☐	☐	☐	☐
....	☐	☐	☐	☐	....	☐	☐	☐	☐
....	☐	☐	☐	☐	....	☐	☐	☐	☐
....	☐	☐	☐	☐	....	☐	☐	☐	☐
....	☐	☐	☐	☐	....	☐	☐	☐	☐

Observaciones:

Lección 29

Objetivos teóricos

Los objetivos teóricos de esta lección, sea por lecciones teóricas del instructor o staff de la academia, o bien, por estudios realizados por cuenta propia, incluyen los siguientes temas:

- Plan de vuelo.
- Operación de vuelo con falla de instrumentos básicos de control.
- Equipamiento mínimo de vuelo.
- Uso del transponder.
- Operación de vuelo con falla de instrumentos básicos de control.
- Maniobras básicas.

Objetivos operativos

Los objetivos operativos de esta lección incluyen los siguientes temas:

- Despegue normal.
- Determinación de la posición.
- Comunicaciones reales.
- Ingresos y alejamientos VOR.
- Procedimientos de esperas VOR.

- Maniobras básicas (las que aún presenten alguna dificultad en su ejecución, a fin de mejorar las técnicas de vuelo.
- Circuito de tránsito y aterrizaje "Sin altímetro".

¡Recuerda! Ese es el último vuelo previo a la evaluación de desempeño, por tal, es muy importante que realices todas las preguntas que tengas, sin dejar ninguna duda librada al azar. Luego de superar la evaluación de desempeño, entraras en la última instancia del curso.

Briefing

Este briefing debe hacer especial énfasis las maniobras que aún puedan presentar alguna dificultad, a fin de corregirlas y mejorar las técnicas de vuelo. Adicionalmente se incorporan los procedimientos de esperas utilizando el VOR.

Debriefing

El debriefing debería basarse en la operación en general, mencionando las correcciones necesarias para lograr superar los errores en los vuelos siguientes. Adicionalmente es importante dejar en claro que no deben existir dudas, por mínimas que sean, ya que esta tercera etapa del curso está por finalizar.

Lección Nº_____ Fecha_______ Briefing ☐ Avión________

ETD:__________ ETA_________ Duración del vuelo_________

Instructor_____________________ Debriefing ☐

....	25% ☐	50% ☐	75% ☐	100% ☐	....	25% ☐	50% ☐	75% ☐	100% ☐
....	25% ☐	50% ☐	75% ☐	100% ☐	....	25% ☐	50% ☐	75% ☐	100% ☐
....	25% ☐	50% ☐	75% ☐	100% ☐	....	25% ☐	50% ☐	75% ☐	100% ☐
....	25% ☐	50% ☐	75% ☐	100% ☐	....	25% ☐	50% ☐	75% ☐	100% ☐
....	25% ☐	50% ☐	75% ☐	100% ☐	....	25% ☐	50% ☐	75% ☐	100% ☐
....	25% ☐	50% ☐	75% ☐	100% ☐	....	25% ☐	50% ☐	75% ☐	100% ☐
....	25% ☐	50% ☐	75% ☐	100% ☐	....	25% ☐	50% ☐	75% ☐	100% ☐
....	25% ☐	50% ☐	75% ☐	100% ☐	....	25% ☐	50% ☐	75% ☐	100% ☐

Observaciones:

Lección 30

Evaluación de desempeño

Los objetivos teóricos de esta evaluación es asegurarse de que el piloto posea los conocimientos mínimos e indispensables sobre los siguientes temas:

- Plan de vuelo.
- Transponder.
- Procedimientos VOR.
- Procedimientos de falla de instrumentos..
- Espacios aéreos.
- Operación en pista corta.
- Comunicaciones aeronáuticas.
- Utilización de la planilla de navegación (adjunta a la planilla de vuelo en las páginas siguientes).

Objetivos operativos

Los objetivos operativos de esta evaluación de desempeño buscar encontrar los puntos débiles del piloto, para luego poder trabajar sobre estos y mejorarlos. Por otra parte, se busca potencias los aciertos y afianzar los conocimientos operativos.

- Evaluación de operación en tierra (puesta en marcha, rodaje y despegue)

- Evaluación de todos los procedimientos VOR (ingresos, alejamientos y esperas).
- Presentación de un plan de vuelo en vuelo.
- Desarrollo de maniobras básicas con falla de instrumentos.
- Aproximaciones de 90°, 180° y 360°.
- Circuito y aterrizaje "Sin altímetro".

¡Recuerda! Estas evaluaciones te ayudarán a mejorar tus habilidades de vuelo, por tal, solo intenta demostrar lo que sabes, y omite lo que no sabes, ya que habrá tiempo para aprender cosas nuevas, o volver a aprender cosas viejas con errores.

Briefing

Este briefing debe hacer énfasis en los procedimientos radioeléctricos, considerado un pilar en la formación de un piloto. Adicionalmente, un repaso de las maniobras con falla de instrumentos.

Debriefing

Este debriefing puede resultar un poco más extenso que el resto, ya que el instructor debe mencionar todos los aciertos y errores. Es importante finalizar el debriefing otorgándole al alumno toda la seguridad de que realmente ha hecho un buen trabajo si ha llegado hasta este punto.

Lección N°_____ Fecha_______ Briefing ☐ Avión________

ETD:__________ ETA_________ Duración del vuelo_________

Instructor____________________ Debriefing ☐

	25%	50%	75%	100%		25%	50%	75%	100%
....	☐	☐	☐	☐	....	☐	☐	☐	☐
....	☐	☐	☐	☐	....	☐	☐	☐	☐
....	☐	☐	☐	☐	....	☐	☐	☐	☐
....	☐	☐	☐	☐	....	☐	☐	☐	☐
....	☐	☐	☐	☐	....	☐	☐	☐	☐
....	☐	☐	☐	☐	....	☐	☐	☐	☐
....	☐	☐	☐	☐	....	☐	☐	☐	☐
....	☐	☐	☐	☐	....	☐	☐	☐	☐

Observaciones:

ORIGEN: DESTINO: START: ETD: ETA: END:

TRAMOS	CURSO RUMBO	DISTANCIA	TIEMPOS	CONSUMOS	SPD	FRECUENCIAS
			ESTIMADO	ESTIMADO	TAS	
			REAL	REAL	GS	

Capítulo 4

Cuarta etapa

Todas las maniobras y temas propuestos por este programa en cada lección responden a un diseño de instrucción aérea determinado y ofrecen una guía a modo de "sugerencia". Será el instructor a cargo quien finalmente decida los temas a tratar en cada lección.

Aviation Bookstore
aviation step by step

Introducción

Esta cuarta etapa cuenta con 9 lecciones de vuelo y una décima lección de evaluación de desempeño. Hasta aquí el piloto ha tres cuartas partes del curso inicial con éxito. Ya existe un dominio de todas las maniobras básicas, casi a la perfección. En esta última instancia ya no se agregarán temas nuevos, pero se trabajará sobre todos los contenidos vistos hasta aquí, a fin de corregir cualquier imperfección operativa y preparándose para el examen final ante la autoridad aeronáutica nacional.

Lección 31

Objetivos teóricos

Los objetivos teóricos de esta lección, sea por lecciones teóricas del instructor o staff de la academia, o bien, por estudios realizados por cuenta propia, incluyen los siguientes temas:

- Plan de vuelo.
- Procedimientos radioeléctricos.
- Aerovías y cartas de ruta.
- Reglaje altimétrico (QRF, QNH, capa de transición, QNE).
- Gestión de emergencias.
- Procedimientos anormales descriptos en el manual del avión.

Objetivos operativos

Los objetivos operativos de esta lección incluyen los siguientes temas:

- Emergencia simulada de falla de motor durante el despegue. RTO.
- Emergencias simuladas en vuelo (humo, falla de motor).
- Ingresos, alejamientos y esperas VOR.
- Circuito y aterrizaje con falla de instrumentos.

¡Importante! Ya falta poco para finalizar tu curso y es muy importante que finalices cada lección habiendo preguntado todo lo necesario para no dejar ninguna duda sin resolver.

Briefing

Este briefing debe hacer especial énfasis en el repaso de maniobras y/o procedimientos donde se presenten las fallas mas habituales.

Debriefing

El debriefing debería basarse en el desarrollo de las emergencias y los procedimientos radioeléctricos, como temas principales del curso inicial.

Lección N°______ Fecha________ Briefing ☐ Avión_________

ETD:__________ ETA_________ Duración del vuelo_________

Instructor_____________________ Debriefing ☐

	25%	50%	75%	100%		25%	50%	75%	100%
....	☐	☐	☐	☐	....	☐	☐	☐	☐
....	☐	☐	☐	☐	....	☐	☐	☐	☐
....	☐	☐	☐	☐	....	☐	☐	☐	☐
....	☐	☐	☐	☐	....	☐	☐	☐	☐
....	☐	☐	☐	☐	....	☐	☐	☐	☐
....	☐	☐	☐	☐	....	☐	☐	☐	☐
....	☐	☐	☐	☐	....	☐	☐	☐	☐
....	☐	☐	☐	☐	....	☐	☐	☐	☐

Observaciones:

Lección 32 (vuelo solo)

Objetivos teóricos

Los objetivos teóricos de esta lección, sea por lecciones teóricas del instructor o staff de la academia, o bien, por estudios realizados por cuenta propia, incluyen los siguientes temas:

- Reconocimiento de aeródromos cercanos y pistas alternativas.
- Repaso de conceptos aerodinámicos de la pérdida de sustentación y la maniobra de recuperación.
- Confección del plan de vuelo.
- Repaso de conceptos teóricos de emergencias.

Objetivos operativos (vuelo solo)

Los objetivos operativos de esta lección incluyen los siguientes temas (Vuelo Solo):

- Despegue normal y ascenso.
- Ascenso hasta nivel de transición y reglaje altimétrico.
- Comunicaciones reales.
- Maniobras básicas en las cercanías del aeródromo.
- Identificación de posiciones radioeléctricas.
- Retorno al aeródromo.
- Prácticas de aterrizajes en configuración normal.

- Identificación y desarrollo del flare.

¡Importante! La duración de los primeros vuelos solos suele ser menor a los 60 minutos, ya que es recomendable que antes de finalizar la lección, el instructor se suba al avión y realice unos circuitos más, a fin de seguir perfeccionando las técnicas del aterrizaje y flare.

Briefing

Este briefing debe hacer especial énfasis en los obstáculos ubicados en las cercanías del aeródromo, zona donde se desarrollará el vuelo solo. Adicionalmente, se considera la mención de las maniobras que el piloto debe practicar y la mención de la duración del vuelo.

Debriefing

El debriefing debería basarse en el desarrollo de las maniobras realizadas, considerando los aciertos y errores. Adicionalmente se establecen los objetivos para los vuelos siguientes, mencionando que se presentarán otros vuelos solos entre lecciones, con el fin de que el piloto afiance su confianza con el avión y sus capacidades de vuelo.

Lección Nº_____ Fecha_______ Briefing ☐ Avión________

ETD:__________ ETA_________ Duración del vuelo_________

Instructor_____________________ Debriefing ☐

	25%	50%	75%	100%		25%	50%	75%	100%
....	☐	☐	☐	☐	....	☐	☐	☐	☐
	25%	50%	75%	100%		25%	50%	75%	100%
....	☐	☐	☐	☐	....	☐	☐	☐	☐
	25%	50%	75%	100%		25%	50%	75%	100%
....	☐	☐	☐	☐	....	☐	☐	☐	☐
	25%	50%	75%	100%		25%	50%	75%	100%
....	☐	☐	☐	☐	....	☐	☐	☐	☐
	25%	50%	75%	100%		25%	50%	75%	100%
....	☐	☐	☐	☐	....	☐	☐	☐	☐
	25%	50%	75%	100%		25%	50%	75%	100%
....	☐	☐	☐	☐	....	☐	☐	☐	☐
	25%	50%	75%	100%		25%	50%	75%	100%
....	☐	☐	☐	☐	....	☐	☐	☐	☐
	25%	50%	75%	100%		25%	50%	75%	100%
....	☐	☐	☐	☐	....	☐	☐	☐	☐

Observaciones:

Lección 33

Objetivos teóricos

Los objetivos teóricos de esta lección, sea por lecciones teóricas del instructor o staff de la academia, o bien, por estudios realizados por cuenta propia, incluyen los siguientes temas:

- Plan de vuelo.
- Procedimientos radioeléctricos.
- Reglamentación aeronáutica.
- Falla de instrumentos.
- Procedimientos de humo en cabina.
- Despegue abortado.
- Proceso de toma de decisión.

Objetivos operativos

Los objetivos operativos de esta lección incluyen los siguientes temas:

- Despegue normal.
- Presentación de plan de vuelo en vuelo.
- Identificación de posiciones radioeléctricas.
- Simulacro de falla de motor en vuelo crucero con aterrizaje de emergencia en campo no apto.
- Ingresos, alejamientos y esperas VOR.

- Circuito y aterrizaje con falla de instrumentos.
- Práctica de aterrizajes múltiples en diferentes configuraciones.

¡Recuerda! La falla de motor no es sinónimo de accidente, el avión continuará volando y podrás realizar la selección de un lugar apto para el aterrizaje. El tiempo restante del vuelo, posterior a la falla de motor, dependerá de la altitud que lleves al momento de la falla y de la relación de planeo de la aeronave.

Briefing

Este briefing debe hacer especial énfasis en el repaso de los procedimientos de falla de motor en crucero, mencionando las técnicas de vuelo de un planeo sin motor, y analizando las diferentes opciones en la selección de un lugar lo mas apto posible para un aterrizaje de emergencia.

Debriefing

El debriefing debería basarse en el desarrollo de las emergencias y los procedimientos anormales. Adicionalmente, se recomienda volver a repasar el proceso de toma de decisión bajo presión, al exponerse a una situación crítica como lo es la falla de motor en vuelo.

Lección N°_____ Fecha_______ Briefing ☐ Avión________

ETD:__________ ETA_________ Duración del vuelo_________

Instructor____________________ Debriefing ☐

	25%	50%	75%	100%		25%	50%	75%	100%
....	☐	☐	☐	☐	....	☐	☐	☐	☐
....	☐	☐	☐	☐	....	☐	☐	☐	☐
....	☐	☐	☐	☐	....	☐	☐	☐	☐
....	☐	☐	☐	☐	....	☐	☐	☐	☐
....	☐	☐	☐	☐	....	☐	☐	☐	☐
....	☐	☐	☐	☐	....	☐	☐	☐	☐
....	☐	☐	☐	☐	....	☐	☐	☐	☐
....	☐	☐	☐	☐	....	☐	☐	☐	☐

Observaciones:

Lección 34

Objetivos teóricos

Los objetivos teóricos de esta lección, sea por lecciones teóricas del instructor o staff de la academia, o bien, por estudios realizados por cuenta propia, incluyen los siguientes temas:

- Aerodinámica básica.
- Funcionamiento del motor.
- Sistema de combustible del avión.
- Sistema eléctrico del avión.
- Plan de vuelo.
- Meteorología básica.
- Estructuras de comunicación.

Objetivos operativos

Los objetivos operativos de esta lección incluyen los siguientes temas:

- Despegue normal.
- Virajes en ascenso y descenso.
- Giros alrededor de un punto.
- Maniobras de "S" sobre caminos.
- Pérdida de sustentación y recuperación de la pérdida.
- Maniobras de "8" sobre referencias.

- Vuelo lento.
- Deslizamiento y aterrizaje.
- Aproximaciones de 180° y 360°-

¡Recuerda! Es muy importante lograr dominar las maniobras básicas intentando mantener la altitud y la velocidad constantes durante toda la maniobra. Ya falta poco para finalizar el curso, y si aún existen dudas sobre alguna de las maniobras, no dudes en consultar a tu instructor a la brevedad.

Briefing

Este briefing debe hacer especial énfasis en el repaso de las maniobras básicas, ya que seguramente sean parte del examen final ante la autoridad aeronáutica.

Debriefing

El debriefing debería basarse en el desarrollo de las maniobras realizadas, detallando los aciertos y los errores operacionales. El piloto aún está a tiempo de corregir cualquier error que siga teniendo en las operaciones, previo a presentarse para su examen final. El instructor debe indagar permanentemente sobre las dudas que crea pueda tener el piloto, y que quizás, por vergüenza no se anime a manifestar.

Lección N°_____ Fecha_______ Briefing ☐ Avión________

ETD:__________ ETA_________ Duración del vuelo_________

Instructor______________________ Debriefing ☐

....	25% ☐	50% ☐	75% ☐	100% ☐	....	25% ☐	50% ☐	75% ☐	100% ☐
....	25% ☐	50% ☐	75% ☐	100% ☐	....	25% ☐	50% ☐	75% ☐	100% ☐
....	25% ☐	50% ☐	75% ☐	100% ☐	....	25% ☐	50% ☐	75% ☐	100% ☐
....	25% ☐	50% ☐	75% ☐	100% ☐	....	25% ☐	50% ☐	75% ☐	100% ☐
....	25% ☐	50% ☐	75% ☐	100% ☐	....	25% ☐	50% ☐	75% ☐	100% ☐
....	25% ☐	50% ☐	75% ☐	100% ☐	....	25% ☐	50% ☐	75% ☐	100% ☐
....	25% ☐	50% ☐	75% ☐	100% ☐	....	25% ☐	50% ☐	75% ☐	100% ☐
....	25% ☐	50% ☐	75% ☐	100% ☐	....	25% ☐	50% ☐	75% ☐	100% ☐

Observaciones:

Lección 35 (Navegación)

Objetivos teóricos

Los objetivos teóricos de esta lección, sea por lecciones teóricas del instructor o staff de la academia, o bien, por estudios realizados por cuenta propia, incluyen los siguientes temas:

- Navegación aérea.
- Cálculos y planificación de una navegación.
- Análisis de los factores meteorológicos que puedan afectar a la navegación.
- Sistema de controles de vuelo.
- Aerodinámica en el uso de flaps y flare.
- Análisis de aeródromos cercanos, como destinos o alternativas a una navegación.
- Falla de las comunicaciones.

Objetivos operativos

Los objetivos operativos de esta lección incluyen los siguientes temas:

- Despegue normal.
- Navegación hacia el destino.
- Simulacro de falla de motor durante el vuelo en crucero.
- Circuito de tránsito y aterrizaje full flaps en destino.

- Falla de motor en despegue y RTO.
- Despegue normal y vuelo de regreso.
- Simulacro de falla de comunicaciones.
- Circuito de tránsito con falla de altímetro.
- Aterrizaje con falla de altímetro.

¡Recuerda! Las navegaciones son parte de la vida aeronáutica de un piloto. Navegar es planificar, es calcular, es estudiar las diferentes variables meteorológicas, es un conjunto de herramientas que aprenderás con el correr de los años de experiencia.

Briefing

Este briefing debe hacer especial énfasis en la planificación de la navegación, junto a todos sus cálculos y consideraciones meteorológicas, ya que quizás, esta sea la última navegación de este curso inicial.

Debriefing

El debriefing debería basarse en lo que fue el desarrollo de la planificación y posterior vuelo de la navegación. El instructor debe buscar cualquier duda que pudiera existir en el desarrollo de los procedimientos.

Lección N°_____ Fecha_______ Briefing ☐ Avión________

ETD:__________ ETA_________ Duración del vuelo_________

Instructor____________________ Debriefing ☐

	25%	50%	75%	100%		25%	50%	75%	100%
....	☐	☐	☐	☐	....	☐	☐	☐	☐
....	☐	☐	☐	☐	....	☐	☐	☐	☐
....	☐	☐	☐	☐	....	☐	☐	☐	☐
....	☐	☐	☐	☐	....	☐	☐	☐	☐
....	☐	☐	☐	☐	....	☐	☐	☐	☐
....	☐	☐	☐	☐	....	☐	☐	☐	☐
....	☐	☐	☐	☐	....	☐	☐	☐	☐
....	☐	☐	☐	☐	....	☐	☐	☐	☐

Observaciones:

ORIGEN: DESTINO: START: ETD: ETA: END:

TRAMOS	CURSO RUMBO	DISTANCIA	TIEMPOS	CONSUMOS	SPD	FRECUENCIAS
			ESTIMADO	ESTIMADO	TAS	
			REAL	REAL	GS	

Lección 36

Objetivos teóricos

Los objetivos teóricos de esta lección, sea por lecciones teóricas del instructor o staff de la academia, o bien, por estudios realizados por cuenta propia, incluyen los siguientes temas:

- Proceso de toma de decisión.
- Emergencias en tierra y en vuelo.
- Falla de comunicaciones.
- Aerodinámica del aterrizaje.
- Formula de sustentación.
- Plan de vuelo.
- Procedimientos radioeléctricos.

Objetivos operativos

Los objetivos operativos de esta lección incluyen los siguientes temas:

- Despegue normal.
- Identificación de las posiciones radioeléctricas
- Ingresos y alejamientos VOR.
- Esperas VOR.
- Simulacro de falla de comunicaciones.
- Circuito de tránsito con falla de velocímetro.

- Aterrizaje con falla de velocímetro.
- Aproximaciones de 90°, 180° y 360°.

¡Recuerda! Las navegaciones son parte de la vida aeronáutica de un piloto. Navegar es planificar, es calcular, es estudiar las diferentes variables meteorológicas, es un conjunto de herramientas que aprenderás con el correr de los años de experiencia.

Briefing

Este briefing debe hacer especial énfasis en las operaciones con falla de instrumentos y su compensación con los restantes. Adicionalmente, es importante mencionar que se acercan los últimos vuelos y que el piloto no debe tener ningún tipo de dudas al momento de salir a volar.

Debriefing

El debriefing debería basarse en el desarrollo de las maniobras realizadas, considerando los aciertos y errores. Adicionalmente se establecen los objetivos para los vuelos siguientes, mencionando que falta poco para finalizar el curso. Se debe volver a reiterar la importancia de no quedarse con dudas antes de finalizar el programa de instrucción.

Lección N°_____ Fecha_______ Briefing ☐ Avión________

ETD:__________ ETA_________ Duración del vuelo_________

Instructor______________________ Debriefing ☐

	25%	50%	75%	100%		25%	50%	75%	100%
....	☐	☐	☐	☐	....	☐	☐	☐	☐
....	☐	☐	☐	☐	....	☐	☐	☐	☐
....	☐	☐	☐	☐	....	☐	☐	☐	☐
....	☐	☐	☐	☐	....	☐	☐	☐	☐
....	☐	☐	☐	☐	....	☐	☐	☐	☐
....	☐	☐	☐	☐	....	☐	☐	☐	☐
....	☐	☐	☐	☐	....	☐	☐	☐	☐
....	☐	☐	☐	☐	....	☐	☐	☐	☐

Observaciones:

Lección 37 (Vuelo solo)

Objetivos teóricos

Los objetivos teóricos de esta lección, sea por lecciones teóricas del instructor o staff de la academia, o bien, por estudios realizados por cuenta propia, incluyen los siguientes temas:

- Emergencias en tierra y en vuelo.
- Pérdida de sustentación y recuperación de la pérdida.
- Engelamiento y uso de la calefacción al carburador.
- Repaso de los procedimiento anormales descriptos en el manual del avión.
- Estudio y análisis de las tablas de performance incluidas en el manual del avión.
- Procedimientos radioeléctricos.

Objetivos operativos

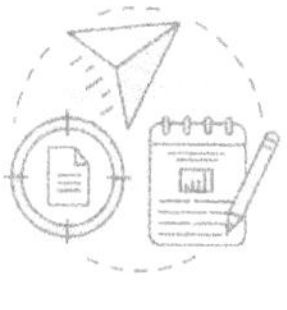

Los objetivos operativos de esta lección incluyen los siguientes temas:

- Despegue normal.
- Identificación de las posiciones radioeléctricas
- Maniobras básicas en las cercanía del aeródromo.
- Identificación de obstáculos en las cercanías del aeródromo.
- Prácticas de aterrizajes en diferentes configuraciones.

- Despegue abortado RTO.

¡Recuerda! Los despegues abortados pueden darse por cualquier circunstancia que el piloto considere implica un riesgo para la seguridad de la operación. Reducir la potencia al mínimo, frenar el avión lo antes posible y mantener el control direccional en el centro de la pista, serán los pasos a seguir.

Briefing

Este briefing debe hacer especial énfasis en las operaciones del vuelo solo, ya que a la brevedad llegará el examen final y posteriormente, el piloto comenzará a volar solo de forma permanente. Es muy importante que el instructor pueda confirmar que no existen riesgos en las operaciones que desarrolla el piloto antes de continuar con el proceso final.

Debriefing

El debriefing debería basarse en el desarrollo seguro de los procedimientos relativos al un vuelo solo, mencionando los ítems mas importante a recordar, como por ejemplo: la medición correcta del combustible y fluidos de la aeronave, las condiciones meteorológicas dentro de los parámetros mínimos requeridos, etc.

Lección N°_____ Fecha_______ Briefing ☐ Avión________

ETD:__________ ETA_________ Duración del vuelo_________

Instructor_____________________ Debriefing ☐

	25%	50%	75%	100%		25%	50%	75%	100%
....	☐	☐	☐	☐	....	☐	☐	☐	☐
....	☐	☐	☐	☐	....	☐	☐	☐	☐
....	☐	☐	☐	☐	....	☐	☐	☐	☐
....	☐	☐	☐	☐	....	☐	☐	☐	☐
....	☐	☐	☐	☐	....	☐	☐	☐	☐
....	☐	☐	☐	☐	....	☐	☐	☐	☐
....	☐	☐	☐	☐	....	☐	☐	☐	☐
....	☐	☐	☐	☐	....	☐	☐	☐	☐

Observaciones:

Lección 38 (Repaso general 1)

Objetivos teóricos

Los objetivos teóricos de esta lección, sea por lecciones teóricas del instructor o staff de la academia, o bien, por estudios realizados por cuenta propia, incluyen los siguientes temas:

- Desarrollo teórico de las maniobras básicas.
- Fuerzas que actúan en un avión.
- Controles de vuelo.
- Uso de flaps.
- Maniobra de flare.
- Funcionamiento del motor e instrumentos del avión.
- Análisis de reportes de viento y limitaciones operativas.
- Lectura y comprensión de listas de chequeo.

Objetivos operativos

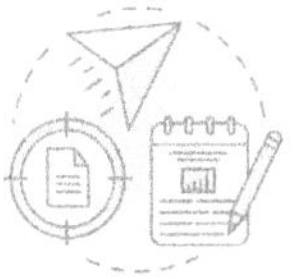

Los objetivos operativos de esta lección incluyen los siguientes temas:

- Puesta en marcha, rodaje y despegue normal.
- Comunicaciones aeronáuticas reales.
- Presentación de un plan de vuelo.
- Ascensos y descensos a régimen constante.
- Virajes a velocidad y altitud constante.

- S" sobre caminos a velocidad y altitud constante.
- "8" sobre referencias a velocidad y altitud constante.
- Giros alrededor de un punto a velocidad y altitud constante.
- Coordinación a velocidad y altitud constante.
- Vuelo lento a velocidad y altitud constante.
- Pérdida de sustentación y recuperación de la pérdida.
- Circuito de tránsito y aterrizaje normal.

¡Recuerda! Ya no hay más tiempo para las prácticas de las maniobras básicas. Todas las dudas que pudieras tener, debes consultarlas en esta oportunidad a tu instructor. El examen final se acerca y has sido un largo camino llegar hasta a aquí.

Briefing

Este briefing debe hacer especial énfasis en las maniobras básicas y su correcto desarrollo, paso a paso, intentando eliminar cualquier tipo de duda que pudiera existir.

Debriefing

El debriefing debería basarse en el desarrollo del vuelo y las maniobras realizadas, observando las dudas teóricas y operativas del piloto, y planteando los acciones correctivas correspondientes.

Lección Nº_____ Fecha_______ Briefing ☐ Avión________

ETD:__________ ETA_________ Duración del vuelo_________

Instructor____________________ Debriefing ☐

	25%	50%	75%	100%		25%	50%	75%	100%
....	☐	☐	☐	☐	....	☐	☐	☐	☐
....	☐	☐	☐	☐	....	☐	☐	☐	☐
....	☐	☐	☐	☐	....	☐	☐	☐	☐
....	☐	☐	☐	☐	....	☐	☐	☐	☐
....	☐	☐	☐	☐	....	☐	☐	☐	☐
....	☐	☐	☐	☐	....	☐	☐	☐	☐
....	☐	☐	☐	☐	....	☐	☐	☐	☐
....	☐	☐	☐	☐	....	☐	☐	☐	☐

Observaciones:

Lección 39 (Repaso general 2)

Objetivos teóricos

Los objetivos teóricos de esta lección, sea por lecciones teóricas del instructor o staff de la academia, o bien, por estudios realizados por cuenta propia, incluyen los siguientes temas:

- Procedimientos radioeléctricos.
- Procedimientos de emergencia en tierra y en vuelo.
- Humo en cabina.
- Falla de comunicaciones.
- Plan de vuelo.
- Espacios aéreos.
- Reglaje altimétrico (QFE, QNH y QNE).
- Análisis de los procedimientos anormales descriptos en el manual del avión.

Objetivos operativos

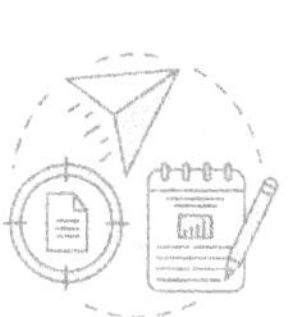

Los objetivos operativos de esta lección incluyen los siguientes temas:

- Despegue con falla de motor RTO.
- Plan de vuelo en vuelo.
- Ingresos, alejamientos y esperas VOR.
- Simulacro de emergencia médica y aterrizaje inmediato.

- Despegue en pista corta y ascenso.
- Humo en cabina y aterrizaje de emergencia.
- Simulacro de falla de motor en vuelo y selección de un lugar apto para el aterrizaje.
- Falla de instrumentos durante el despegue y el aterrizaje.
- Aproximaciones de 90°, 180° y 360°.

¡Importante! Toda emergencia en vuelo que requiera de un aterrizaje fuera de la pista involucra una selección de un lugar lo más apto posible para el aterrizaje, no solo por la calidad de la superficie, sino también considerando las cercanías a un lugar poblado para recibir asistencia lo antes posible.

Briefing

Este briefing debe hacer especial énfasis los procedimientos radioeléctricos utilizando los equipos de navegación, y especial énfasis en los procedimientos de emergencia. Dos temas que son pilares fundamentales del curso.

Debriefing

El debriefing debería basarse en el desarrollo los procedimientos radioeléctricos realizados y la gestión de las emergencias, tanto desde el aspecto técnico como desde el aspecto humano dentro de la cabina de mando.

Lección N°______ Fecha________ Briefing ☐ Avión_________

ETD:__________ ETA__________ Duración del vuelo__________

Instructor_______________________ Debriefing ☐

	25%	50%	75%	100%		25%	50%	75%	100%
....	☐	☐	☐	☐	....	☐	☐	☐	☐
....	☐	☐	☐	☐	....	☐	☐	☐	☐
....	☐	☐	☐	☐	....	☐	☐	☐	☐
....	☐	☐	☐	☐	....	☐	☐	☐	☐
....	☐	☐	☐	☐	....	☐	☐	☐	☐
....	☐	☐	☐	☐	....	☐	☐	☐	☐
....	☐	☐	☐	☐	....	☐	☐	☐	☐
....	☐	☐	☐	☐	....	☐	☐	☐	☐

Observaciones:

Lección 40

Evaluación de desempeño

Los objetivos teóricos de esta evaluación es asegurarse de que el piloto posea los conocimientos mínimos e indispensables sobre los siguientes temas:

- Plan de vuelo.
- Transponder.
- Procedimientos VOR.
- Maniobras básicas.
- Navegación VFR.
- Aerovías y espacios aéreos.
- Procedimientos de emergencia.
- Gestión del recurso humano dentro de la cabina de mando.

Objetivos operativos

Los objetivos operativos de esta evaluación de desempeño buscar encontrar los puntos débiles del piloto, para luego poder trabajar sobre estos y mejorarlos. Por otra parte, se busca potencias los aciertos y afianzar los conocimientos operativos.

- Evaluación de operación en tierra (puesta en marcha, rodaje y despegue)

- Evaluación de todos los procedimientos VOR (ingresos, alejamientos y esperas).
- Presentación de un plan de vuelo en vuelo.
- Evaluación de todas las maniobras básicas a velocidad y altitud constante.
- Emergencias en vuelo.
- Aproximaciones de 90º, 180º y 360º.
- Circuito y aterrizaje.
- Emergencias en tierra.

¡Importante! El recorrido ha llegado a su fin. Has logrado atravesar 40 lecciones de vuelo, y déjame decirte que se del esfuerzo que esto implica, por tal, no dejes de darte el crédito que te mereces!

Briefing

Este briefing debe hacer énfasis en los todos procedimientos que se planifican realizar, a fin de no dejar nada librado al azar.

Debriefing

Este debriefing puede resultar un poco más extenso que el resto, ya que es la última reunión técnica previa al examen final. No dejes ninguna pregunta sin respuesta, ninguna duda son solución, y lo mas importante, si has llegado hasta aquí, estás listo para el examen final.

Lección N°_____ Fecha_______ Briefing ☐ Avión________

ETD:__________ ETA_________ Duración del vuelo_________

Instructor____________________ Debriefing ☐

	25%	50%	75%	100%		25%	50%	75%	100%
....	☐	☐	☐	☐	....	☐	☐	☐	☐
....	☐	☐	☐	☐	....	☐	☐	☐	☐
....	☐	☐	☐	☐	....	☐	☐	☐	☐
....	☐	☐	☐	☐	....	☐	☐	☐	☐
....	☐	☐	☐	☐	....	☐	☐	☐	☐
....	☐	☐	☐	☐	....	☐	☐	☐	☐
....	☐	☐	☐	☐	....	☐	☐	☐	☐
....	☐	☐	☐	☐	....	☐	☐	☐	☐

Observaciones:

Final del curso

Has logrado finalizar 40 lecciones de vuelo. Esto implica un enorme esfuerzo de tu parte, y una enorme dedicación en cada una de las lecciones aprendidas. Si has aprobado las cuatro evaluaciones de desempeño, ten por seguro que estás listo para rendir tu examen final ante la autoridad aeronáutica de tu país. Seguramente te invadan diferentes temores, inseguridades, emociones e incertidumbres, pero ten presente que si has llegado al final, el instructor certificado que estás apto para rendir tu examen, y que sin dudas, lo aprobaras con éxito.

¡Buen trabajo!

Lección N°_____ Fecha_______ Briefing ☐ Avión________

ETD:__________ ETA_________ Duración del vuelo_________

Instructor____________________ Debriefing ☐

	25%	50%	75%	100%		25%	50%	75%	100%
....	☐	☐	☐	☐	....	☐	☐	☐	☐
....	☐	☐	☐	☐	....	☐	☐	☐	☐
....	☐	☐	☐	☐	....	☐	☐	☐	☐
....	☐	☐	☐	☐	....	☐	☐	☐	☐
....	☐	☐	☐	☐	....	☐	☐	☐	☐
....	☐	☐	☐	☐	....	☐	☐	☐	☐
....	☐	☐	☐	☐	....	☐	☐	☐	☐
....	☐	☐	☐	☐	....	☐	☐	☐	☐

Observaciones:

Lección Nº_____ Fecha_______ Briefing ☐ Avión________

ETD:__________ ETA_________ Duración del vuelo_________

Instructor_____________________ Debriefing ☐

....	25% ☐	50% ☐	75% ☐	100% ☐	....	25% ☐	50% ☐	75% ☐	100% ☐
....	25% ☐	50% ☐	75% ☐	100% ☐	....	25% ☐	50% ☐	75% ☐	100% ☐
....	25% ☐	50% ☐	75% ☐	100% ☐	....	25% ☐	50% ☐	75% ☐	100% ☐
....	25% ☐	50% ☐	75% ☐	100% ☐	....	25% ☐	50% ☐	75% ☐	100% ☐
....	25% ☐	50% ☐	75% ☐	100% ☐	....	25% ☐	50% ☐	75% ☐	100% ☐
....	25% ☐	50% ☐	75% ☐	100% ☐	....	25% ☐	50% ☐	75% ☐	100% ☐
....	25% ☐	50% ☐	75% ☐	100% ☐	....	25% ☐	50% ☐	75% ☐	100% ☐
....	25% ☐	50% ☐	75% ☐	100% ☐	....	25% ☐	50% ☐	75% ☐	100% ☐

Observaciones:

Lección N°_____ Fecha_______ Briefing ☐ Avión_______

ETD:_________ ETA________ Duración del vuelo________

Instructor____________________ Debriefing ☐

	25%	50%	75%	100%		25%	50%	75%	100%
....	☐	☐	☐	☐	....	☐	☐	☐	☐
....	☐	☐	☐	☐	....	☐	☐	☐	☐
....	☐	☐	☐	☐	....	☐	☐	☐	☐
....	☐	☐	☐	☐	....	☐	☐	☐	☐
....	☐	☐	☐	☐	....	☐	☐	☐	☐
....	☐	☐	☐	☐	....	☐	☐	☐	☐
....	☐	☐	☐	☐	....	☐	☐	☐	☐
....	☐	☐	☐	☐	....	☐	☐	☐	☐

Observaciones:

Lección N°_____ Fecha_______ Briefing ☐ Avión________

ETD:__________ ETA_________ Duración del vuelo_________

Instructor____________________ Debriefing ☐

	25%	50%	75%	100%		25%	50%	75%	100%
....	☐	☐	☐	☐	....	☐	☐	☐	☐
....	☐	☐	☐	☐	....	☐	☐	☐	☐
....	☐	☐	☐	☐	....	☐	☐	☐	☐
....	☐	☐	☐	☐	....	☐	☐	☐	☐
....	☐	☐	☐	☐	....	☐	☐	☐	☐
....	☐	☐	☐	☐	....	☐	☐	☐	☐
....	☐	☐	☐	☐	....	☐	☐	☐	☐
....	☐	☐	☐	☐	....	☐	☐	☐	☐

Observaciones:

Lección N°_____ Fecha_______ Briefing ☐ Avión________

ETD:__________ ETA_________ Duración del vuelo_________

Instructor____________________ Debriefing ☐

	25%	50%	75%	100%		25%	50%	75%	100%
....	☐	☐	☐	☐	....	☐	☐	☐	☐
	25%	50%	75%	100%		25%	50%	75%	100%
....	☐	☐	☐	☐	....	☐	☐	☐	☐
	25%	50%	75%	100%		25%	50%	75%	100%
....	☐	☐	☐	☐	....	☐	☐	☐	☐
	25%	50%	75%	100%		25%	50%	75%	100%
....	☐	☐	☐	☐	....	☐	☐	☐	☐
	25%	50%	75%	100%		25%	50%	75%	100%
....	☐	☐	☐	☐	....	☐	☐	☐	☐
	25%	50%	75%	100%		25%	50%	75%	100%
....	☐	☐	☐	☐	....	☐	☐	☐	☐
	25%	50%	75%	100%		25%	50%	75%	100%
....	☐	☐	☐	☐	....	☐	☐	☐	☐
	25%	50%	75%	100%		25%	50%	75%	100%
....	☐	☐	☐	☐	....	☐	☐	☐	☐

Observaciones:

Lección N°_____ Fecha_______ Briefing ☐ Avión________

ETD:__________ ETA_________ Duración del vuelo_________

Instructor_____________________ Debriefing ☐

....	25%	50%	75%	100%	....	25%	50%	75%	100%
....	25%	50%	75%	100%	....	25%	50%	75%	100%
....	25%	50%	75%	100%	....	25%	50%	75%	100%
....	25%	50%	75%	100%	....	25%	50%	75%	100%
....	25%	50%	75%	100%	....	25%	50%	75%	100%
....	25%	50%	75%	100%	....	25%	50%	75%	100%
....	25%	50%	75%	100%	....	25%	50%	75%	100%
....	25%	50%	75%	100%	....	25%	50%	75%	100%

Observaciones:

Lección N°_____ Fecha_______ Briefing ☐ Avión________

ETD:__________ ETA_________ Duración del vuelo_________

Instructor_____________________ Debriefing ☐

	25%	50%	75%	100%		25%	50%	75%	100%
....	☐	☐	☐	☐	....	☐	☐	☐	☐
....	☐	☐	☐	☐	....	☐	☐	☐	☐
....	☐	☐	☐	☐	....	☐	☐	☐	☐
....	☐	☐	☐	☐	....	☐	☐	☐	☐
....	☐	☐	☐	☐	....	☐	☐	☐	☐
....	☐	☐	☐	☐	....	☐	☐	☐	☐
....	☐	☐	☐	☐	....	☐	☐	☐	☐
....	☐	☐	☐	☐	....	☐	☐	☐	☐

Observaciones:

Lección N°_____ Fecha_______ Briefing ☐ Avión________

ETD:__________ ETA_________ Duración del vuelo_________

Instructor_____________________ Debriefing ☐

	25%	50%	75%	100%		25%	50%	75%	100%
....	☐	☐	☐	☐	....	☐	☐	☐	☐
	25%	50%	75%	100%		25%	50%	75%	100%
....	☐	☐	☐	☐	....	☐	☐	☐	☐
	25%	50%	75%	100%		25%	50%	75%	100%
....	☐	☐	☐	☐	....	☐	☐	☐	☐
	25%	50%	75%	100%		25%	50%	75%	100%
....	☐	☐	☐	☐	....	☐	☐	☐	☐
	25%	50%	75%	100%		25%	50%	75%	100%
....	☐	☐	☐	☐	....	☐	☐	☐	☐
	25%	50%	75%	100%		25%	50%	75%	100%
....	☐	☐	☐	☐	....	☐	☐	☐	☐
	25%	50%	75%	100%		25%	50%	75%	100%
....	☐	☐	☐	☐	....	☐	☐	☐	☐
	25%	50%	75%	100%		25%	50%	75%	100%
....	☐	☐	☐	☐	....	☐	☐	☐	☐

Observaciones:

Lección N°______ Fecha________ Briefing ☐ Avión_________

ETD:__________ ETA__________ Duración del vuelo__________

Instructor_______________________ Debriefing ☐

	25%	50%	75%	100%		25%	50%	75%	100%
....	☐	☐	☐	☐	....	☐	☐	☐	☐
....	☐	☐	☐	☐	....	☐	☐	☐	☐
....	☐	☐	☐	☐	....	☐	☐	☐	☐
....	☐	☐	☐	☐	....	☐	☐	☐	☐
....	☐	☐	☐	☐	....	☐	☐	☐	☐
....	☐	☐	☐	☐	....	☐	☐	☐	☐
....	☐	☐	☐	☐	....	☐	☐	☐	☐
....	☐	☐	☐	☐	....	☐	☐	☐	☐

Observaciones:

Lección Nº_____ Fecha_______ Briefing ☐ Avión________

ETD:__________ ETA_________ Duración del vuelo_________

Instructor____________________ Debriefing ☐

....	25% ☐ 50% ☐ 75% ☐ 100% ☐	....	25% ☐ 50% ☐ 75% ☐ 100% ☐
....	25% ☐ 50% ☐ 75% ☐ 100% ☐	....	25% ☐ 50% ☐ 75% ☐ 100% ☐
....	25% ☐ 50% ☐ 75% ☐ 100% ☐	....	25% ☐ 50% ☐ 75% ☐ 100% ☐
....	25% ☐ 50% ☐ 75% ☐ 100% ☐	....	25% ☐ 50% ☐ 75% ☐ 100% ☐
....	25% ☐ 50% ☐ 75% ☐ 100% ☐	....	25% ☐ 50% ☐ 75% ☐ 100% ☐
....	25% ☐ 50% ☐ 75% ☐ 100% ☐	....	25% ☐ 50% ☐ 75% ☐ 100% ☐
....	25% ☐ 50% ☐ 75% ☐ 100% ☐	....	25% ☐ 50% ☐ 75% ☐ 100% ☐
....	25% ☐ 50% ☐ 75% ☐ 100% ☐	....	25% ☐ 50% ☐ 75% ☐ 100% ☐

Observaciones:

Lección N°_____ Fecha_______ Briefing ☐ Avión________

ETD:__________ ETA_________ Duración del vuelo_________

Instructor_____________________ Debriefing ☐

	25%	50%	75%	100%		25%	50%	75%	100%
....	☐	☐	☐	☐	....	☐	☐	☐	☐
....	☐	☐	☐	☐	....	☐	☐	☐	☐
....	☐	☐	☐	☐	....	☐	☐	☐	☐
....	☐	☐	☐	☐	....	☐	☐	☐	☐
....	☐	☐	☐	☐	....	☐	☐	☐	☐
....	☐	☐	☐	☐	....	☐	☐	☐	☐
....	☐	☐	☐	☐	....	☐	☐	☐	☐
....	☐	☐	☐	☐	....	☐	☐	☐	☐

Observaciones:

Lección N°______ Fecha________ Briefing ☐ Avión_________

ETD:___________ ETA__________ Duración del vuelo__________

Instructor________________________ Debriefing ☐

....	25% 50% 75% 100% ☐☐☐☐	....	25% 50% 75% 100% ☐☐☐☐
....	25% 50% 75% 100% ☐☐☐☐	....	25% 50% 75% 100% ☐☐☐☐
....	25% 50% 75% 100% ☐☐☐☐	....	25% 50% 75% 100% ☐☐☐☐
....	25% 50% 75% 100% ☐☐☐☐	....	25% 50% 75% 100% ☐☐☐☐
....	25% 50% 75% 100% ☐☐☐☐	....	25% 50% 75% 100% ☐☐☐☐
....	25% 50% 75% 100% ☐☐☐☐	....	25% 50% 75% 100% ☐☐☐☐
....	25% 50% 75% 100% ☐☐☐☐	....	25% 50% 75% 100% ☐☐☐☐
....	25% 50% 75% 100% ☐☐☐☐	....	25% 50% 75% 100% ☐☐☐☐

Observaciones:

Lección N°_____ Fecha_______ Briefing ☐ Avión________

ETD:__________ ETA_________ Duración del vuelo_________

Instructor_____________________ Debriefing ☐

	25%	50%	75%	100%		25%	50%	75%	100%
....	☐	☐	☐	☐	....	☐	☐	☐	☐
....	☐	☐	☐	☐	....	☐	☐	☐	☐
....	☐	☐	☐	☐	....	☐	☐	☐	☐
....	☐	☐	☐	☐	....	☐	☐	☐	☐
....	☐	☐	☐	☐	....	☐	☐	☐	☐
....	☐	☐	☐	☐	....	☐	☐	☐	☐
....	☐	☐	☐	☐	....	☐	☐	☐	☐
....	☐	☐	☐	☐	....	☐	☐	☐	☐

Observaciones:

Lección Nº_____ Fecha_______ Briefing ☐ Avión________

ETD:__________ ETA_________ Duración del vuelo_________

Instructor_____________________ Debriefing ☐

....	25% ☐	50% ☐	75% ☐	100% ☐	....	25% ☐	50% ☐	75% ☐	100% ☐
....	25% ☐	50% ☐	75% ☐	100% ☐	....	25% ☐	50% ☐	75% ☐	100% ☐
....	25% ☐	50% ☐	75% ☐	100% ☐	....	25% ☐	50% ☐	75% ☐	100% ☐
....	25% ☐	50% ☐	75% ☐	100% ☐	....	25% ☐	50% ☐	75% ☐	100% ☐
....	25% ☐	50% ☐	75% ☐	100% ☐	....	25% ☐	50% ☐	75% ☐	100% ☐
....	25% ☐	50% ☐	75% ☐	100% ☐	....	25% ☐	50% ☐	75% ☐	100% ☐
....	25% ☐	50% ☐	75% ☐	100% ☐	....	25% ☐	50% ☐	75% ☐	100% ☐
....	25% ☐	50% ☐	75% ☐	100% ☐	....	25% ☐	50% ☐	75% ☐	100% ☐

Observaciones:

Lección N°_____ Fecha_______ Briefing ☐ Avión________

ETD:_________ ETA_________ Duración del vuelo_________

Instructor____________________ Debriefing ☐

	25%	50%	75%	100%		25%	50%	75%	100%
....	☐	☐	☐	☐	....	☐	☐	☐	☐
....	☐	☐	☐	☐	....	☐	☐	☐	☐
....	☐	☐	☐	☐	....	☐	☐	☐	☐
....	☐	☐	☐	☐	....	☐	☐	☐	☐
....	☐	☐	☐	☐	....	☐	☐	☐	☐
....	☐	☐	☐	☐	....	☐	☐	☐	☐
....	☐	☐	☐	☐	....	☐	☐	☐	☐
....	☐	☐	☐	☐	....	☐	☐	☐	☐

Observaciones:

Lección Nº_____ Fecha_______ Briefing ☐ Avión________

ETD:__________ ETA_________ Duración del vuelo_________

Instructor______________________ Debriefing ☐

....	25% ☐	50% ☐	75% ☐	100% ☐	....	25% ☐	50% ☐	75% ☐	100% ☐
....	25% ☐	50% ☐	75% ☐	100% ☐	....	25% ☐	50% ☐	75% ☐	100% ☐
....	25% ☐	50% ☐	75% ☐	100% ☐	....	25% ☐	50% ☐	75% ☐	100% ☐
....	25% ☐	50% ☐	75% ☐	100% ☐	....	25% ☐	50% ☐	75% ☐	100% ☐
....	25% ☐	50% ☐	75% ☐	100% ☐	....	25% ☐	50% ☐	75% ☐	100% ☐
....	25% ☐	50% ☐	75% ☐	100% ☐	....	25% ☐	50% ☐	75% ☐	100% ☐
....	25% ☐	50% ☐	75% ☐	100% ☐	....	25% ☐	50% ☐	75% ☐	100% ☐
....	25% ☐	50% ☐	75% ☐	100% ☐	....	25% ☐	50% ☐	75% ☐	100% ☐

Observaciones:

Lección N°_____ Fecha_______ Briefing ☐ Avión________

ETD:__________ ETA_________ Duración del vuelo_________

Instructor_____________________ Debriefing ☐

	25%	50%	75%	100%		25%	50%	75%	100%
....	☐	☐	☐	☐	....	☐	☐	☐	☐
....	☐	☐	☐	☐	....	☐	☐	☐	☐
....	☐	☐	☐	☐	....	☐	☐	☐	☐
....	☐	☐	☐	☐	....	☐	☐	☐	☐
....	☐	☐	☐	☐	....	☐	☐	☐	☐
....	☐	☐	☐	☐	....	☐	☐	☐	☐
....	☐	☐	☐	☐	....	☐	☐	☐	☐
....	☐	☐	☐	☐	....	☐	☐	☐	☐

Observaciones:

Lección Nº_____ Fecha_______ Briefing ☐ Avión________

ETD:__________ ETA_________ Duración del vuelo_________

Instructor______________________ Debriefing ☐

	25%	50%	75%	100%		25%	50%	75%	100%
....	☐	☐	☐	☐	....	☐	☐	☐	☐
....	☐	☐	☐	☐	....	☐	☐	☐	☐
....	☐	☐	☐	☐	....	☐	☐	☐	☐
....	☐	☐	☐	☐	....	☐	☐	☐	☐
....	☐	☐	☐	☐	....	☐	☐	☐	☐
....	☐	☐	☐	☐	....	☐	☐	☐	☐
....	☐	☐	☐	☐	....	☐	☐	☐	☐
....	☐	☐	☐	☐	....	☐	☐	☐	☐

Observaciones:

Lección N°_____ Fecha_______ Briefing ☐ Avión________

ETD:__________ ETA_________ Duración del vuelo_________

Instructor____________________ Debriefing ☐

	25%	50%	75%	100%		25%	50%	75%	100%
....	☐	☐	☐	☐	....	☐	☐	☐	☐
....	☐	☐	☐	☐	....	☐	☐	☐	☐
....	☐	☐	☐	☐	....	☐	☐	☐	☐
....	☐	☐	☐	☐	....	☐	☐	☐	☐
....	☐	☐	☐	☐	....	☐	☐	☐	☐
....	☐	☐	☐	☐	....	☐	☐	☐	☐
....	☐	☐	☐	☐	....	☐	☐	☐	☐
....	☐	☐	☐	☐	....	☐	☐	☐	☐

Observaciones:

Lección N°_____ Fecha_______ Briefing ☐ Avión________

ETD:_________ ETA_________ Duración del vuelo_________

Instructor____________________ Debriefing ☐

....	25% 50% 75% 100%	....	25% 50% 75% 100%
....	25% 50% 75% 100%	....	25% 50% 75% 100%
....	25% 50% 75% 100%	....	25% 50% 75% 100%
....	25% 50% 75% 100%	....	25% 50% 75% 100%
....	25% 50% 75% 100%	....	25% 50% 75% 100%
....	25% 50% 75% 100%	....	25% 50% 75% 100%
....	25% 50% 75% 100%	....	25% 50% 75% 100%
....	25% 50% 75% 100%	....	25% 50% 75% 100%

Observaciones:

Lección N°_____ Fecha_______ Briefing ☐ Avión________

ETD:__________ ETA_________ Duración del vuelo_________

Instructor____________________ Debriefing ☐

	25%	50%	75%	100%		25%	50%	75%	100%
....	☐	☐	☐	☐	....	☐	☐	☐	☐
....	☐	☐	☐	☐	....	☐	☐	☐	☐
....	☐	☐	☐	☐	....	☐	☐	☐	☐
....	☐	☐	☐	☐	....	☐	☐	☐	☐
....	☐	☐	☐	☐	....	☐	☐	☐	☐
....	☐	☐	☐	☐	....	☐	☐	☐	☐
....	☐	☐	☐	☐	....	☐	☐	☐	☐
....	☐	☐	☐	☐	....	☐	☐	☐	☐

Observaciones:

Lección Nº_____ Fecha_______ Briefing ☐ Avión________

ETD:__________ ETA_________ Duración del vuelo_________

Instructor_____________________ Debriefing ☐

	25%	50%	75%	100%		25%	50%	75%	100%
....	☐	☐	☐	☐	....	☐	☐	☐	☐
....	☐	☐	☐	☐	....	☐	☐	☐	☐
....	☐	☐	☐	☐	....	☐	☐	☐	☐
....	☐	☐	☐	☐	....	☐	☐	☐	☐
....	☐	☐	☐	☐	....	☐	☐	☐	☐
....	☐	☐	☐	☐	....	☐	☐	☐	☐
....	☐	☐	☐	☐	....	☐	☐	☐	☐
....	☐	☐	☐	☐	....	☐	☐	☐	☐

Observaciones:

Lección N°_____ Fecha_______ Briefing ☐ Avión________

ETD:__________ ETA_________ Duración del vuelo_________

Instructor_____________________ Debriefing ☐

	25%	50%	75%	100%		25%	50%	75%	100%
....	☐	☐	☐	☐	....	☐	☐	☐	☐
....	☐	☐	☐	☐	....	☐	☐	☐	☐
....	☐	☐	☐	☐	....	☐	☐	☐	☐
....	☐	☐	☐	☐	....	☐	☐	☐	☐
....	☐	☐	☐	☐	....	☐	☐	☐	☐
....	☐	☐	☐	☐	....	☐	☐	☐	☐
....	☐	☐	☐	☐	....	☐	☐	☐	☐
....	☐	☐	☐	☐	....	☐	☐	☐	☐

Observaciones:

Lección Nº______ Fecha________ Briefing ☐ Avión__________

ETD:____________ ETA__________ Duración del vuelo__________

Instructor________________________ Debriefing ☐

	25%	50%	75%	100%		25%	50%	75%	100%
....	☐	☐	☐	☐	....	☐	☐	☐	☐
	25%	50%	75%	100%		25%	50%	75%	100%
....	☐	☐	☐	☐	....	☐	☐	☐	☐
	25%	50%	75%	100%		25%	50%	75%	100%
....	☐	☐	☐	☐	....	☐	☐	☐	☐
	25%	50%	75%	100%		25%	50%	75%	100%
....	☐	☐	☐	☐	....	☐	☐	☐	☐
	25%	50%	75%	100%		25%	50%	75%	100%
....	☐	☐	☐	☐	....	☐	☐	☐	☐
	25%	50%	75%	100%		25%	50%	75%	100%
....	☐	☐	☐	☐	....	☐	☐	☐	☐
	25%	50%	75%	100%		25%	50%	75%	100%
....	☐	☐	☐	☐	....	☐	☐	☐	☐
	25%	50%	75%	100%		25%	50%	75%	100%
....	☐	☐	☐	☐	....	☐	☐	☐	☐

Observaciones:

Lección N°_____ Fecha_______ Briefing ☐ Avión________

ETD:__________ ETA_________ Duración del vuelo_________

Instructor_____________________ Debriefing ☐

	25%	50%	75%	100%		25%	50%	75%	100%
....	☐	☐	☐	☐	....	☐	☐	☐	☐
....	☐	☐	☐	☐	....	☐	☐	☐	☐
....	☐	☐	☐	☐	....	☐	☐	☐	☐
....	☐	☐	☐	☐	....	☐	☐	☐	☐
....	☐	☐	☐	☐	....	☐	☐	☐	☐
....	☐	☐	☐	☐	....	☐	☐	☐	☐
....	☐	☐	☐	☐	....	☐	☐	☐	☐
....	☐	☐	☐	☐	....	☐	☐	☐	☐

Observaciones:

Lección N°______ Fecha________ Briefing ☐ Avión_________

ETD:__________ ETA__________ Duración del vuelo__________

Instructor________________________ Debriefing ☐

	25%	50%	75%	100%		25%	50%	75%	100%
....	☐	☐	☐	☐	....	☐	☐	☐	☐
....	☐	☐	☐	☐	....	☐	☐	☐	☐
....	☐	☐	☐	☐	....	☐	☐	☐	☐
....	☐	☐	☐	☐	....	☐	☐	☐	☐
....	☐	☐	☐	☐	....	☐	☐	☐	☐
....	☐	☐	☐	☐	....	☐	☐	☐	☐
....	☐	☐	☐	☐	....	☐	☐	☐	☐
....	☐	☐	☐	☐	....	☐	☐	☐	☐

Observaciones:

Aviation Bookstore
aviation step by step

Aviation Bookstore
aviation step by step

www.ingramcontent.com/pod-product-compliance
Lightning Source LLC
LaVergne TN
LVHW051927051126
851857LV00020B/2050
* 9 7 9 8 1 8 2 7 1 8 1 4 1 *